极简蔬果汁

食生疗愈专家
周兆祥——著

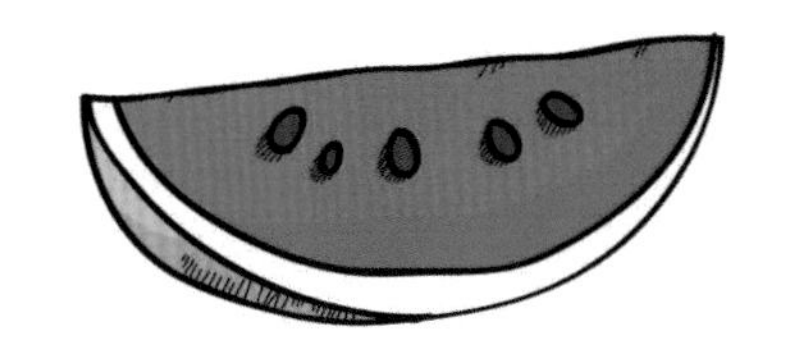

河北科学技术出版社

图书在版编目（CIP）数据

极简蔬果汁 / 周兆祥著. -- 石家庄 : 河北科学技术出版社, 2020.6

ISBN 978-7-5717-0255-7

Ⅰ. ①极… Ⅱ. ①周… Ⅲ. ①蔬菜 - 饮料 - 制作 ②果汁饮料 - 制作 Ⅳ. ① TS275.5

中国版本图书馆 CIP 数据核字 (2019) 第 299937 号

极简蔬果汁

JIJIAN SHUGUOZHI

周兆祥 著

出版发行	河北科学技术出版社
地　　址	石家庄市友谊北大街 330 号（邮编：050061）
印　　刷	水印书香（唐山）印刷有限公司
经　　销	新华书店
开　　本	710 × 960　1/16
印　　张	17
字　　数	221 千字
版　　次	2020 年 6 月第 1 版　2020 年 6 月第 1 次印刷
定　　价	65.00 元

你需要每天“绿”一下

推荐序

食生的历史很长，可以追溯到19世纪初，其发展几乎和营养学同步。有意思的是，其中曾经有两位美国总统候选人Bernarr Macfadden（1936年）和Herbert M. Shelton（1956年）是生食的推广者。

美国的欧洲移民对食生的贡献很大。

来自立陶宛的Ann Wigmore女士是现代食生运动之母，她在美国佛罗里达州创办了希波克拉底学院（The Hippocrates Institute），并且让食用小麦苗成为了一种风尚。绿蔬果昔（Green Smoothie）的流行则得益于Victoria Boutenko（一位俄罗斯裔美国人）的倡导，她出版了大量有关蔬果昔的著作。

周博士的这本《极简蔬果汁》，谈到了绿蔬果昔（green smoothie）和绿蔬果汁（green juice）。其中绿（green）是关键。

绿就是叶绿素（chlorophyll）。说起叶绿素，居然有两次诺贝尔化学奖与之相关。1915年，德国人里夏德•维尔施泰特因“对植物色素的研究，特别是对叶绿素的研究”获奖；1930年，德国人汉斯•费歇尔因“对血红素和叶绿素结构的研究，特别是对血红素的合成的研究”获奖。

叶绿素a和血红素的分子结构几乎一样，后者只是把叶绿素分子中的镁（Mg）离子换成铁（Fe）离子，Impposible foods[①]的蔬食汉堡就是用这个原理做出了素肉带血丝的效果。

叶绿素的功效主要有：激活免疫系统、清除体内真菌、净化血液、清理肠道、除臭、使身体充满活力、预防癌症等。

叶绿素的这些功效，让绿色食品成为人们健康食物的首选，包括深绿叶菜如羽衣甘蓝和豆瓣菜，绿色海藻如螺旋藻和小球藻，野菜如蒲公英，以及芽苗蔬菜等。值得一提的是，绿色食物中的蛋白质和钙、铁的含量都很高。

绿蔬果昔（green smoothie）和绿蔬果汁（green juice）

---

① Impposible foods，即“不可能食物公司”，由生物化学教授Patrick O. Brown等人于2011年在美国创办，致力于用植物制品来替代肉类和牛奶制品。谷歌公司、李嘉诚、比尔·盖茨等先后投资予以支持。

都具有排毒作用，不同之处在于汁在吸收时几乎不太启用消化系统，而果昔（smoothie）中含有大量膳食纤维，可以作为代餐。癌症食疗方案“葛森疗法”（gerson therapy）中大量使用绿蔬果汁，正是为了减轻消化系统的负担，进而增强排毒的效果。

绿蔬果昔和绿蔬果汁作为早餐或晚餐，是很好的。如果你想尝试，找到适合自己的饮食方案很重要。

周博士在食生及蔬果汁/昔疗愈等方面，有大量的研究和个人践行的经验。从认知角度，这样的践行是开创性的，即所谓世上本无路，走的人多了，便有了路。

余力

余力，科学博士，致力于推广蔬食营养和低脂全蔬食的饮食生活理念。美国康奈尔大学和柯林·坎贝尔基金会蔬食营养课程中国参与第一人，28天健康饮食计划发起人。参与推广《救命》《素食圣经》等蔬食营养学著作。

自序

喜迎快乐、健康、活力、青春进生命

30多年前，我家添置了第一台搅拌机，全家人的生活从此不一样了。后来我们又买了榨汁机（多年后升级到慢磨榨汁机），走上了这样一条“蔬果汁/昔”之路。

自从我逐步掌握了（领悟到）制作蔬果汁/昔的智慧和技艺，整个人变得快乐了、健康了、精神了，甚至越活越年轻；感恩之余，我努力不懈地把这个好消息传给各地有缘人，包括你。

早在2015年，喝蔬果汁/昔便已成为全球饮食四大趋势之一（其余三个是少肉、多菜、食用益生菌）。事实上，进入21世纪后，世界各地不约而同掀起了榨汁热潮，起初媒体和营养学界仅把它当作一个流行的饮食潮流，可是后来其发展证明并非如此——一方面很多人通过多喝蔬果汁改善了健康状况，证实了其效果明显且方便易行；另一方面科学研究提供了更多证据，肯定了喝蔬果汁对身心的各种益处；再加上进步医疗工作者的提倡和饮食行业的供给，蔬果汁开始成为愈来愈多人生活的重要部分。

为什么饮用这些大自然的恩物竟能让生命的境界步步高升？背后可有什么玄机？过“汁/昔人生”可有什么法门？我已迫不及待地要通过以下的图文一一告诉你。

但愿蔬果汁/昔中的生命力和大地恩情从今以后伴你和家人一生，就像我们那样！

2019年写于野鸽居

编者按

有粤地之祥哥，作蔬果汁著作。为有别于《食生》[①]，请专业之画师，绘近百幅美图，画汁昔之食材，于“实践”之部分，供诸君以欣赏。

且为诸君之便利，将食材之功效，列各款[②]之下方，君一目而了然，无查找之辛劳。而营养之详情，功效之原理，皆汇总于附录，供乐之者学习。

是为按。

---

① 《食生》为周兆祥博士代表作品，个中图片皆为实物之摄影，故为有不同风格，本书图片采用手绘之画作。

② 本书第二部分“实践”中的各款蔬果汁/昔。

第1部分

理念

第1章 为什么要喝蔬果汁/昔？ // 002

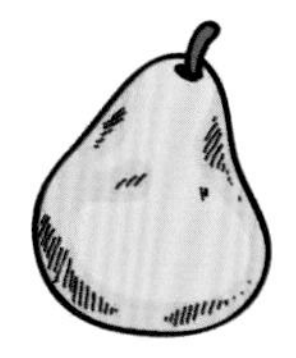

第2部分

实践

第 4 章 喝出美丽 // 050

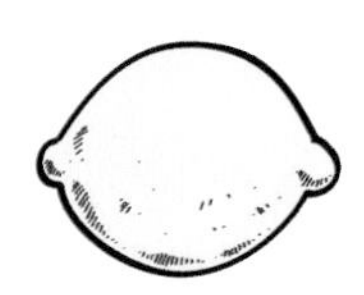

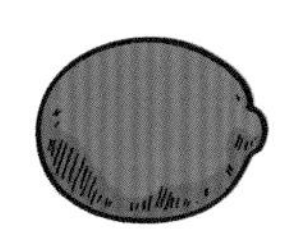

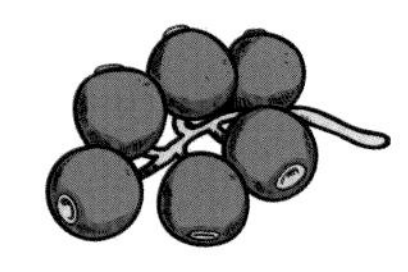

第 1 部分

理念

第1章

为什么要喝蔬果汁/昔?

1.1 什么是“喝蔬果汁/昔”？

是指将水果蔬菜变成液体，喝进肚里。

这些果菜饮品分为两类：

汁（juice）

将食材榨汁，汁液和果渣分开，只喝液体部分。

昔（smoothie）

将食材（通常加一点水）研碎或用搅拌机打成糊或汤，连果渣一并喝进肚里。

1.2 喝蔬果汁/昔有什么好处？

增加进食的食物种类

有些食材味道不好，例如苋菜和萝卜（生吃时）；有些则味道浓烈，例如姜、苦瓜、榴莲；也有许多人抗拒某种食材的口味，例如西芹、茄子、黄瓜、甜菜根，但一旦将它们榨汁打昔，再混合容易入口的食材，例如香蕉、椰青水（或椰肉）、芒果、椰枣，就变得容易接受，不知不觉就能多吃以往不会吃或很少吃的蔬果，对健康大大有利。

减少劣质食物进肚

我们吃蔬菜，甚至部分水果时，早习惯了烹调或加工后再食用。在烹调或加工过程中不免混进大量不太健康的食材、调味料或食品添加剂，它们由于组合成分复杂，不仅会令消化系统负荷大增，而且有害健康。喝蔬果汁/昔则避免了这些对身体健康不利的因素。

轻易将大量养分送进体内

如果要我们一餐吃掉三四根胡萝卜，大家可能会觉得很难办到，但若将胡萝卜榨成汁则会轻而易举地做到；如果要你一餐吃掉一斤青菜，同样很不容易，食用时通常还要加入种种酱料或加热，但若将青菜打成蔬果昔却可以一口气喝掉。这样的话，我们就能够毫不费劲地，在一餐之内吸收三四根胡萝卜或一斤青菜的养分。

减轻消化系统负担

我们吃东西之后，身体要付出巨大的能量来消化和处理，结果既使人疲累、脑部运作迟钝，又使养分吸收大打折扣[①]。而榨汁和打昔将食物变成流质，

① https://www.newscientist.com/lastword/mg24332470-900-does-a-large-meal-make-you-tired-and-if-so-why/

充分混合，同时高速的搅拌更打破蔬果大部分的细胞壁，即是说机器代替肠胃做了最辛苦麻烦的消化工序，于是消化系统的负担大大减轻，身体得以腾出精力来做疗愈，修复各器官损坏了的部分，加速康复，身心自然舒服。

实时活力充沛

身体无需太费劲去消化处理蔬果汁/昔，便可以马上吸收其中的养分，例如糖分在几分钟之内已进入血液，令整个人活力充沛、思维敏捷且思想正面。而且，喝过蔬果汁/昔后，身心满足，饱腹感强（尤其是喝下含有脂肪的果昔）且不觉困倦呆滞。这是因为蔬果供应的是对身体最有用的养分。

提升正面情绪

很多水果含有刺激大脑分泌“快乐激素”的化学成分，加上身体得到最合适的“燃料”与“补剂”，倍感舒服轻松，抑郁、苦闷、困扰等负面情绪往往一扫而空。

皮肤恢复青春亮丽

蔬果汁/昔含有大量宝贵的营养成分，可大大改善肠道微生态，令身体回归到天然的运作状态，全身由内而外得到转化，于是斑纹等皮肤病态逐渐消失，皮肤变得嫩滑红润，皱纹也逐渐消除。

恢复窈窕身材

饮用蔬果汁/昔时，身体可直接吸收食物的能量，无需储存不必要的脂肪，同时排出体内积聚的垃圾（例如宿便），身材得以恢复至原本正常的体形。

有助于防治各种疾病

蔬果汁/昔虽不是药到病除的万应灵丹，但临床证明，只要养成习惯、持之以恒，长期正确地饮用合适的蔬果汁/昔，有助于防治各种疾病。如高血压、糖尿病、风湿性关节炎、痛风、呼吸道疾病、消化不良、便秘、失眠、抑郁、癌症等等，都有人用喝蔬果汁/昔的方法协助治疗，并且收到了神奇的效果。此外，饮用蔬果汁/昔，还可以帮助酗酒者、吸烟者戒除酒瘾、烟瘾。

老少咸宜

所有年龄阶段的人都容易接受蔬果汁/昔，而且很快就会把每天喝它作为一种习惯。

大多数小朋友第一次接触便会爱上蔬果汁/昔，除非父母本身饮食习惯非常不健康，而且自小爱吃垃圾食物成瘾。

如果想以蔬果汁/昔作为初生婴儿的“第一道菜”，即是母乳之外首次吃“辅食”，可以从婴儿满 6 个月开始，循序渐进地尝试喂食。

蔬果汁/昔也是长者非常理想的食物。因为随着年纪渐长，肠胃功能逐渐衰退，但食物榨成汁或搅打成昔后，减轻了消化系统的负担，身体能够轻松吸收到大量养分，于是衰老过程得以延缓。

省时方便

相对于做饭、做菜、做面包、煮面条等繁复的下厨步骤，榨汁打昔要简单快捷得多，即使加上削皮、开水果（例如椰子、菠萝等）、清洗机器等工序，仍然不会占据我们很多时间。

味觉享受

许多蔬果汁/昔非常美味，若能将其作为解渴饮品甚至主食（蔬果昔），会给生活增添不少享受，使身心倍感满足。

1.3　为什么要榨汁？

榨汁，是指用榨汁机将食材的汁液与固体成分分离，只喝汁液，然后将渣滓丢弃或做其他用途。蔬果汁是非常适合人类的饮品，不仅味道好、养分易吸收，而且含有极为丰富的维生素、矿物质及酵素，这些都是我们生命活力的源泉。

吃原状的食物最天然，而榨了汁再吃亦有道理。榨汁后，身体可以吸收以倍计的营养，而不会加重消化负担。所以，榨汁是以最低劳动力吸收最多食物营养的妙法。

对于处在亚健康状态的人，例如部分慢性病患者或身体消化吸收功能欠佳（例如胃弱、疲累、心情恶劣）者，喝汁比吃东西舒服健康得多，重病患者尤其需要这样吸收养分。

食材榨汁之后，味道往往更加可口，于是吸引人大量饮用，从而吸收更多营养。例如有人厌恶苦瓜、西芹的味道，但若与胡萝卜或梨一起榨汁，却完全可以接受。

食物榨汁之后，可以随时饮用。在开会的时候，如果大口地吃梨、橙子会被视为不尊重他人，倘若榨了汁并用保温瓶喝则没有问题。有些品牌型号的榨汁机可以保存蔬果汁中的营养一两天。有些排毒饮食法以喝蔬果汁为主，不吃别的东西，此时蔬果汁便发挥巨大功效。

温馨提示：

大家还可以利用榨汁发挥厨艺，例如用杏仁榨成杏仁奶做食生版咖啡，或用西红柿榨汁做汤。

1.4 为什么要搅拌？

把蔬果加水液化，可以做出各式各样的昔、汤、茶、冰激凌、慕斯、布丁，搅拌机更可以把食材变成浆液，用来制作酱料、饼类、面包等。[①]

1.5 为什么要喝绿蔬果昔？

喝蔬果昔是让我们的身体最容易（不费劲不劳累）吸收最原本状态的食物营养的方法。这是因为一方面食材经过了搅拌（尤其是高效能搅拌机的搅

① 此处所说的各式饮品及食品皆为食生版，可参阅周博士代表作《食生》。

拌），变成了极微细的颗粒，甚至细胞壁也被穿破，所以相对于吃沙拉，绿蔬果昔更容易被身体吸收；另一方面，相对于榨汁，绿蔬果昔提供更多叶绿素，又保存更多膳食纤维，所以营养成分更佳。

喝蔬果昔有不少好处：

1. 减轻消化系统负担——打昔令食物变成流质、能够充分混合，而高速搅拌更打破蔬果大部分的细胞壁，大大减少消化系统的工作量，身体得以腾出精力来修复各损坏了的器官，加速康复。
2. 易将大量养分送进体内——高速搅拌可打破食物细胞壁，大大提高营养吸收。
3. 增加进食的食物种类——味道不好的食材与容易入口的食材混合打昔就变得容易接受，不知不觉就能多吃以往不会吃或很少吃的蔬果，有利于健康。
4. 增加营养吸收——大部分人因咀嚼不够对食物的营养吸收较差，食物搅打后再食用，可使身体吸收更多营养。
5. 实时活力充沛——身体能马上吸收利用食物中的营养，食用后身心满足而不觉困倦呆滞。
6. 提升正面情绪——很多水果含有能刺激大脑分泌快乐的激素，食用后会倍感舒服轻松，减少抑郁苦闷。
7. 皮肤恢复青春靓丽——蔬果昔中富食的营养成分，可改善肠道生态，令身体回归到天然的运作状态，使斑纹等皮肤病态逐渐消失。
8. 恢复窈窕身材——令身体能够直接吸收食物的能量，无需储存不必要的脂肪，同时排出体内积聚的垃圾，身材得以恢复原本正常体形。
9. 有助于各种疾病的治疗及康复——只要养成习惯持之以恒，长期正确地饮用，奇迹随时出现。

10. 老少咸宜——蔬果昔易被各年龄段人群接受，大多数小朋友第一次接触便会爱上。长者喝蔬果昔也可以轻松吸收其营养，减轻消化系统的负担，有利于延缓衰老。
11. 省时方便——制作步骤简单快捷，省下许多时间精力。
12. 味觉享受——许多蔬果汁/昔非常美味，尤其是习惯了作为解渴饮品甚至主食后，会给生活增添许多享受。

1.6 蔬果汁/昔和食生版的茶、汤有什么分别?

主要的分别是：

蔬果汁/昔通常以新鲜蔬果为主要食材，简单搅拌或榨汁即成。

食生版的茶和汤多会采用复杂得多的食材及调味料，制作过程繁复得多。

1.7 蔬果汁和蔬果昔的营养价值有多大?

喝蔬果汁/昔能为身体补充优质养分，因为：

可避免食材养分受到严重破坏

平日蔬菜和部分水果总是烹调过才吃，烹调的过程往往会破坏营养成分，造成营养流失，如会破坏掉：

- 维生素 60% ～ 70%
- 蛋白质 50%
- 酵素 90% +

长期如此对健康是不利的，甚至会诱发种种疾病（例如心血管疾病、肾病等）。而蔬果汁/昔则未经加热或化学处理，营养成分未受到严重破坏。

有大量酵素

蔬果中的酵素对人体十分重要，有助于消化吸收。可是若经烹调、化学加工或长期存放，酵素则几乎完全被破坏，蔬果汁/昔因为不经烹调或化学加工而含有大量酵素，故对健康更为有益。

1.8 喝蔬果汁/昔可有什么结果?

以下是饮用蔬果汁/昔一族的普遍反映：

- 我思路清晰、思维灵活了。
- 我活力更充沛、神采飞扬、精神饱满。
- 我睡眠时间减少但质量提高了，早上醒来头脑清明。
- 我更持久开心、思想正面、脾气变好。
- 我皮肤恢复光亮，各种皮肤问题逐步消退了。
- 我样子更年轻，人家赞我一天比一天靓丽。
- 我肠胃畅通了。

- 我头发长回来了，指甲生长加速了。
- 我身体感到营养充足，不再那么馋嘴，嗜甜的“毒瘾”消退了，也不再时常觉得饥饿。
- 我的味觉、嗅觉都恢复了，而且比往日更敏锐。
- 我的免疫功能增强了，病痛明显减少了。
- 我更容易控制食欲，意志力更坚强。

1.9 喝蔬果汁和蔬果昔哪样较好？

蔬果汁的优点：

- 利于保存营养——通常，搅打会令食材升温并混入氧气，难免破坏不少营养，但高速榨汁机搅打时间较短，因而营养成分破坏较少。慢磨榨汁保存营养最多。
- 令思路更清晰、思维更敏捷——若是需要马上提神醒脑、思维灵敏、神采飞扬，蔬果汁是最佳选择（尤其是加进了芽苗）。相对而言，喝蔬果昔吸收能量及营养较慢，如果大量地喝（大半升或更多，尤其是混入了牛油果或坚果等脂肪），较有可能会感觉饱胀。
- 营养更丰富——两杯胡萝卜汁可以把 4 根或更多的胡萝卜的养分一次喝进肚，两杯青菜汁可以把一斤（1 斤 = 500 克）或更多的青菜的养分一次喝进肚；而蔬果昔则不可能一次把 4 个胡萝卜或 1 斤青菜喝进去，用吃沙拉的方式更不可能一餐吸收那么多。一杯蔬果汁可以含有 2 斤胡萝卜或 10 个苹果或 7 斤菠菜的营养。

- 排毒效果更好——由于含高稀稠度抗氧化物等营养，又没有纤维干扰，蔬果汁（特别是青菜汁、野草汁、甜菜根汁）清理肠道尤其有效。

蔬果昔的优点：

- 搅打、清洗方便——制作简单容易，比起榨汁后清洗器材较少麻烦。
- 营养成分保留完整——相对于蔬果汁来说，蔬果昔营养成分保留完整，提供了大量的膳食纤维，可弥补膳食纤维的不足，有利于消化吸收和排泄。
- 搅拌更广纳营养——不少营养丰富的食材不能用榨汁方式饮用，例如种子（芝麻、瓜子、火麻仁、亚麻籽）、果核（牛油果核、榴莲核）、干果（枸杞、桂圆干、无花果）、药材（肉桂、陈皮、当归）。而且由于搅拌的调味更有弹性、调味料选择更多，较容易掩饰、盖过食材自带的苦涩、辣味、异味，令大家获得更多平日抗拒的食材所带来的裨益。
- 不会吸收过量糖分——本来蔬果汁所含的果糖，正是身体最适用的燃料，若甜水果比例不太高，喝一点完全不会有问题。但是如果长期大量喝高比例甜水果的果汁，身体又未能好好处理，血糖就会出问题（例如患上糖尿病）。另一个情况就是喝过甜果汁后，再吃喝大量其他甜品和低膳食纤维淀粉质食物（例如白米饭，精制面粉做的面包、面条，一般的奶茶、豆浆、芝麻糊等），亦容易产生血糖问题。
- 可作正餐——蔬果昔既可以现做现吃，也可以保存外带，下一餐无需费力。蔬果汁则没有充饥的功能。

- 有益肠道生态——蔬果昔所含的膳食纤维促使肠道较长时间以较大幅度蠕动，有利于益菌繁殖；蔬果汁没有此功能。

1.10 过“蔬果汁/昔人生”要注意什么?

对大部分人来说，喝蔬果汁/昔的意义并不只是多尝试一种饮料那么简单，而是逐渐养成一种生活习惯，慢慢养成一种生活态度；内心的世界会在不知不觉中转化，回归自然，生命的境界从此不同。

好好迎接这人生的新开始，不妨有这样的心理准备：

- 投资时间金钱——榨汁打昔都需要一点时间，尤其是持之以恒天天实践的话。跑去店铺买，等待做好亦难免费时费力，自己在家做还可能改变家庭生活习惯，需要信心、恒心、毅力。明白了喝蔬果汁/昔对身心多么有益，明确了自己所追求的目标（例如纤体、葆青春、增活力、治病、助眠），才容易坚持下去。
- 将制作过程当作爱心实践静心课——上市场买食材、回家储藏、清洗切削、洗餐具器材（尤其是清洗榨汁机、搅拌机），都是费工夫的活儿，如果我们看不到更高的理想视域，很容易感到麻烦甚至放弃。更理想的态度是：①视整件事为示爱的行动，每做出一杯都是落实爱的信念，是爱自己身体、爱家人朋友的具体表现，感觉便会完全不一样，做出来的效果更不同；②买菜、洗菜、切菜、操作搅拌机榨汁机、清洗器皿机件，都可以变成静心的程序，充满神圣平安欣悦圆满感觉，宁神解忧，让大脑停下来休息重整内里状况。
- 掌握基本知识——一些朋友对喝蔬果汁/昔有不少认识上的误区（见

2.3 节），结果令功效大打折扣，甚至弄巧成拙，不利健康。若在实践之前，搞清楚个中乾坤，做一些基本的了解，自当事半功倍，例如怎样喝才吸收得好、怎样组合食材味道更好、怎样储藏蔬果汁 / 昔、如何找到可送货上门的食材供货商等。

第2章

怎样喝蔬果汁/昔

2.1 怎样喝蔬果汁/昔最有效?

水果适合单独吸收

水果适合单独吸收，不宜与其他食物一起吃进肚，这是因为水果比其他食材更容易消化，若是被难消化的东西，例如脂肪、高温处理的食物、动物成分等阻塞肠道，就会使排泄时间延长，导致水果在肠道内发酵腐烂，引起发炎。

食时不饮、饮时不食

蔬果汁不宜在进餐时饮用，以免冲淡胃液（昔则不用，它是预先分解消化了的固体，影响较小）。所以说到底，蔬果汁/昔还是在两餐之间饮用最理想，尤其是肚饿之时，营养最易被人体吸收。

对症巧用

好好了解自己的体质、口味、健康状态、生活方式，针对这些条件来安排饮法。

生活方式配合

充分休息，勤晒太阳，适时做身体排毒功夫[1]。

2.2 蔬果汁/昔该在什么时候喝?

按照“饭水分离”的原理，吃饭的同时喝大量液体进肚，不利于健康，所以蔬果汁/昔也不宜在进餐时饮；如果边喝边吃米饭、面条、馒头、水饺，势必影响吸收。

最理想的是在喝果汁/昔之前后半小时至一小时不吃不喝。

早上喝，以最理想状态开始新一天

原则上，一天大部分时间都适合饮用蔬果汁/昔，尤其是早上。早上喝蔬果汁/昔，不但可以补充夜间睡眠时段失去了的水分，活化身体各循环系统，还可给予身体充分营养和精力，以最理想的状态开始新一天。

有人说早晨起来或肚子饿时勿喝酸果汁，否则它的酸性会伤胃。事实上，酸果汁，例如橙汁、西柚汁等，进入身体后呈碱性，不会对肠胃不利。喝了酸果汁反而会更感肚饿，所以对于消化不良、食欲不振的人来说，进餐前半小时至1小时喝酸果汁有利开胃消化。

不过，如果明知还有一段时间才有饱食的机会，就不要喝太多太酸的蔬果汁，以免过早产生饥饿感。

---

① 见P252参考文献[29]至[30]。

✔ 早上喝汁，午后喝昔

大致上说，水果较为适合上午吃，蔬菜较为适宜在下午吃，喝蔬果汁/昔也是同一道理——

- 早上：最好多喝水果汁/昔，加一些瓜菜无妨，可令身体多吸收叶绿素。
- 午餐：喝既有水果又有青菜的果昔（不要喝汁，如前所述，食时不饮）。
- 午餐后：减少水果分量，尽量喝青汁或含水果及大比例青菜的昔。
- 晚上：临睡前 2 ～ 3 小时不宜喝太多果汁，以免半夜尿频。

温馨提示：

搅拌机发出的声响往往令人不悦，尤其是高速的款式。我家的邻居不胜其扰，我们收到投诉，答应从此早上8时前不用搅拌机。于是若要清晨出门，早餐只采用不使用搅拌机的做法，或是单用榨汁机。

2.3　喝蔬果汁有什么误区？

不时有营养学界、医学界人士反对喝果汁，或提出警告，其中有些理由是有道理的，因为一般人很容易喝错果汁！

错误 1　产品品质不佳

市面上买得到的“果汁”，往往问题多多，主要因为：

预先包装的问题

预先包装的“果汁”，大部分水果成分比例不高，甚至不少果汁“饮品”根本不含水果，而是由白糖、甜味剂、化学调味料、食用色素、防腐剂等调制而成，当然于健康无益。

即使有若干比例是真正天然果汁，但它们的品质毫无保证，因有部分厂家只选用坏果，甚至腐烂的果菜来生产发售。

而绝大部分声称 100％纯天然的果汁产品，都是先浓缩后稀释，它们在包装上会注明“made from concentrated juices”，使得营养味道大打折扣。

没加入太多防腐剂的果汁，经过了半天或两三天，早已不大新鲜，营养与味道都失真。

为了讨好顾客，果汁的调配设计都重视卖相、够味（够甜！），往往牺牲营养，甚至安全。

留意包装上标明“UHT”就是极高温“烧”过，“pasturized”（巴氏杀菌法）则是煮热过，即经高温处理，这样一来，不但营养荡然无存，还会令所含的成分发生变化，身体难以吸收。

另外，饮品的包装可能会释出有毒物料，尤其是酸性高的果汁碰上塑料，更易发生化学反应，产生破坏人体机能的化学物质。而且要丢弃包装容器，亦有违环保原则。长期大量丢掉过期卖不完的产品，更可怕。

即榨即饮的问题

卫生（包括环境、容器、服务员的个人卫生等）没有保证，水果蔬菜的品质同样没有保证，大部分都不理想——不少水果切开后长时间暴露在空气中，甚至有些局部腐烂了的，店员切掉后照样把其余部分卖给顾客。

商家可能擅自添加各式各样有问题的食材，有些显然会威胁健康。

以塑料制品作为包装容器，有违环保原则；不少商家在每日结束营业后，会把卖剩的新鲜食材丢掉，甚为浪费。

错误2　喝太甜

在天然状态下（像猩猩那样生活在大自然环境中），动物吃的水果不会太甜，一方面因为未经人工栽种的水果甜度低得多，另一方面它们早习惯了又酸又涩的水果嫩叶，能接受各种天然味道，不会像某些蔬果汁（例如甜瓜、胡萝卜、梨）那样有密集的糖分，所以根本不存在因糖分过高而影响血糖的问题。

本来，水果所含的单糖最适合人体吸收及使用，有益健康，令我们活力充沛，与人工提炼的糖完全不同，但是许多亚健康状态的人，特别是糖尿病患者，在多吃了甜水果或是喝了大量甜果汁后，若还再吃淀粉质食物或人工糖类的话，血糖就会出现问题。

温馨提示：

如果饮食习惯仍为熟食，尤其是长期吃米饭、面条、面包和人工甜食，那么喝甜的蔬果汁就要有节制，成熟的食生朋友则无需担心。

错误3　喝太多

过犹不及，天天喝蔬果汁有益健康，但是如果长期大量喝（例如每天8杯以上），又不吃合适比例分量的固体食物，身体仍然可能得不到足够养分

（例如膳食纤维），咀嚼不足亦会导致津液分泌减少、牙齿损坏，自然无益于健康。

所以除了患重病或做断食之外，蔬果汁/昔不能长期取代正餐。

温馨提示：
即使是做果汁断食，也无需喝太多果汁（例如每天10杯以上）。相反，喝得愈少，断食效果愈佳。

错误4 食材太单调

每种蔬果含有的养分各不相同，如果我们长期只是反反复复吃三五种，吸收到的营养往往未必够全面。虽然，当我们习惯了按照回归自然的方式饮食后，身体会强烈建议我们多多吃同一种食材，正好配合那一刻的需要，但这种需要是会不断转变的，通常几天或几个星期就会改变一次。始终长年累月只吃少量种类的食材，对营养的摄取不利。

错误5 喝太杂

很多人以为混合在一起的蔬果种类越多，榨出的蔬果汁就越美味、营养越丰富，对身体越有益，其实这种观点不一定正确，一次吃进太多种类的食物反而有可能增加消化系统的负担。

蔬果汁一般用两三种食材组合已经足够，有时单一更佳，例如西瓜汁、甜瓜汁、木瓜汁、胡萝卜汁、椰青水（天然椰汁）。

温馨提示：

有些食材有互补的协同效应，明智地按比例调配，不但味道诱人，而且更易被身体吸收，值得好好认识，按自己的体质和口味多多尝试。

- 少即是多，多未必好。一般的原则是蔬果昔食材不超过3种（2种，即1种水果加1种青菜最理想）加水，蔬果汁不超过4种（2种往往效果更佳）。
- 脂肪可免则免。不宜经常将果仁、种子加入蔬果昔；水果的脂肪（例如牛油果、榴莲之类）少量无妨，甚至会帮助身体吸收一些养分。
- 注意食物组合宜忌（见3.7节）。
- 按自己身体状态来选食材（见下文错误9）。

错误6　喝太急

进食时，咀嚼的动作会令身体分泌唾液，唾液富含消化酶。若是大口大口地喝汤、汁、羹，牙齿不咀嚼，液体食物未跟唾液混合便喝进肚里，会影响消化和营养的吸收。

喝蔬果汁/昔（喝其他茶汤也是）也需要咀嚼，这是因为：

- 咀嚼令唾液有充分的机会和时间与食物接触，让消化酶发挥作用，在吞咽前预先做好消化；
- 咀嚼令津液发挥除毒功能，处理食物中所含各种毒物，保护肠胃；
- 咀嚼令我们大脑意识到进食的过程，不致吃过量。

所以，即使喝东西，最好也习惯慢慢饮，多多咀嚼（即使是食材已搅碎的饮品）。

错误 7 进餐时或饭后喝汁

我们在餐后喝蔬果汁或是进食时边吃边喝，坏处是：

- 营养吸收少（空腹时才吸收最多又快）；
- 妨碍消化（胃内消化液被冲淡了）。

所以饱餐之后，宜等待至少两小时再喝蔬果汁/昔。

错误 8 没有现做现喝

做好后存放过久，导致营养流失。

错误 9 忽略体质和病情

每个人体质不一样，有人忌寒，有人忌热，甚至有人两者都受不了，所以有些食材不一定适合所有人；另一方面，生病时需要注意忌口，例如皮肤病患者要避开芒果，糖尿病患者要注意糖分吸收等。

错误 10 忽略时令

目前由于种植技术的发展，市场上出现了反季的食材，例如冬天有西瓜、冬瓜、桂圆，春天有梨，夏天有芥蓝、菠菜，这些违反四季生长规律的食材，吃或喝进肚里对身体都有害无益。

2.4 蔬果汁/昔并非人人适合饮用?

原则上，人人都适合长期饮用蔬果汁/昔，只要选对食材，掌握好食材比例、饮用时间和分量，再按照本书列出的条件方法，健康肯定大有起色，喝出青春活力。

重病者：

如果处理得宜，蔬果汁/昔对身体康复有非常神奇的效果，但是在饮用时要考虑种种因素，不断观察反应并调整策略，这些因素包括：

- 病情——要留意针对不同的病患来选食材，例如糖尿病及癌症患者不宜多吃糖分，皮肤病患者要避开致敏的食材；
- 年龄——高龄者较难接受改变；
- 体质——寒热等；
- 个人意愿——平日的饮食习惯、口味；
- 环境条件配合——例如家中是否有空间多放一台机器，或是住医院时能否早晚供应汁/昔；
- 忌口——例如是否会和正在服用的药物相克；
- 其他人的意见——包括医生、家人是否支持。

长者：

养成喝蔬果汁/昔的习惯，可延年益寿、保持精力，可以每餐之前都喝蔬果汁或昔，在两餐中间喝效果更理想。

不过也要考虑以上提到的各种因素，特别是个人口味和意愿、有多大决心去改变饮食方式。

婴儿：

切忌心急：

- 未满 6 个月前完全不适合喝，6 个月后可以喝稀释的果汁，习惯后再喝果昔；
- 注意必须是单一食法，只用一种食材做汁或昔，不可与其他食物同时摄取；
- 开始时，每种蔬果昔喝了数天后，再尝试给予另一种，尽量不要频繁更换，否则他们难以适应。

怀孕者：

多喝蔬果汁/昔对孕妇及胎儿都很好，不过注意：

- 不宜突然大幅度改变饮食模式，如果早已习惯了喝蔬果汁/昔就不妨继续甚至增加分量，如果未习惯，应逐步增加分量（由开头每天一两杯增至五六杯）；
- 待产期间可以增加脂肪、蛋白质和钙的摄入量，例如可以在蔬果汁/昔中加入椰子、牛油果、坚果、种子（黑芝麻、亚麻籽）；
- 临盆前两三天可以多喝，每天 6 ～ 8 杯，可以令分娩过程更顺利；
- 产后增加进补和助乳的食材，例如青木瓜、芦笋、姜、榴莲、深绿蔬菜、椰枣、葫芦巴苗、橙子；
- 信任直觉，即密切留意自己想吃什么不想吃什么，吃进去身体有怎样的反应。

温馨提示：

如果要吃药，最好先喝蔬果汁/昔，然后进餐，最后再服药。

2.5　蔬果汁/昔保证健康改善吗?

许多患者都希望知道:“我这样的情况要喝多少、喝多久才能把病喝走?”事实上,凡是食疗(以至争取康复与个人疗愈)能否达到“目的”,总要视多种因素而定,包括:

- 期望的目的有多实际;
- 个人的信心有多大;
- 做的有多正确(特别是针对当前个人的状况);
- 有多少决心、毅力、耐性;
- 其他条件有多配合(例如找得到的食材有多理想,特别是个人有没有充分地休息、晒太阳、出汗、排毒、内心平静安详喜悦等等);
- 潜意识的信念能否改变;
- 生活中的其他助缘。

2.6　蔬果汁/昔会有什么副作用?

如果喝得正确(包括选材、做法、分量、其他条件例如内心的状态等等),蔬果汁不会带来副作用。

而许多人喝了蔬果汁后之所以会出现生理上的“不良”反应,原因一般是:

1. 排毒反应——主要有腹泻、腹痛、消瘦、嗜睡、皮肤问题等,这些都是身体净化过程中出现的正常现象,属于暂时的排毒反应,并非中毒或不适合喝蔬果汁/昔。换句话说,是好事而非坏事。

2. 喝得不正确——分量、配搭、选材、时间（例如晚餐太咸太多水分）、太急（没有好好咀嚼，或是一边喝一边看书、看手机、交谈、走路）等。
3. 心态——信心不足，怕虚寒、怕细菌等。

2.7 喝了绿蔬果昔排出绿色粪便，有没有问题?

凡是吃了有颜色的食物而粪便出现该颜色，表示胃部功能不足，消化吸收不够。

遇上这种情况，毋须担心。多喝一阵，待身体消化功能强化，恢复正常运作，就不会再这样。

2.8 蔬果汁/昔够饱吗?

有些蔬果汁热量低，喝了很多仍然不觉饱，例如苹果汁、西柚汁、西芹汁。但也有一些蔬果汁会令人有饱腹的感觉，例如胡萝卜汁、红薯汁。

蔬果昔因为保留了食材的膳食纤维，所以一般饱腹感较强。1～1.5升含香蕉、牛油果或椰青肉的蔬果昔往往可以当午餐（只要细细咀嚼、慢慢吞咽）。

但长期把蔬果汁/昔当作正餐，通常不是理想的饮食策略。

2.9 蔬果汁/昔可以代替正餐吗?

原则上，有些蔬果汁/昔（特别是正确调制的绿蔬果昔），只要配合体质、生活习惯、个人健康状况、口味等等因素，的确可以作为大部分的正餐，每天大量饮用。

话说回来，大部分的蔬果汁/昔都只适合作为我们每日饮食的其中一个元素，人体还应从其他饮食（例如吃水果、蔬菜、坚果等）中吸收膳食纤维及其他养分，以免营养失衡，或者营养不足。例如：喝过量牛油果、坚果、榴莲做的果昔，会导致脂肪吸取过量，诱发各种疾病；又如喝大量酸性的果汁（例如葡萄柚汁）或是不含甜味的青汁（例如菠菜汁、西芹汁）则会热量吸收不够，整个人乏力、没精打采，长期下去会过分消瘦。

所以，理智且在知识储备足够的前提下多喝蔬果汁是好事，饮用不得其法，往往会危害健康。

2.10 喝蔬果汁/昔前要考虑什么?

准备长期喝蔬果汁/昔之前，大家最好先考虑以下几点，想清楚了再下决定，那么成功的几率就大得多。

1. 花时间：买盒装、瓶装、罐装蔬果汁当然简单得多，但是想达到理想的效果，还是要耐心地自己动手做，通常习惯了之后便不会觉得麻烦。
2. 花气力：水果是很重的食材，且不宜久存，而榨汁尤其需要大量水果，去市场购买往往费时费力，对体能要求较高，除非能安排农场或分销商送货上门。

3. 花心思：大部分水果不宜久放，又占用大量空间，所以采购和储存很费心思，而且蔬果的来源及价格天天有变化，需要长期动脑筋解决问题，既要避免浪费、多花钱，又要保证供应充足。
4. 清洗费时费力：有些榨汁机特别需要时间和耐性去清洗，保证卫生。
5. 需累积知识及培养灵感：不是所有蔬果混起来都味道好，有些甚至相克，不宜混合，所以既要多多学习，多多尝试，更要与身体好好沟通，多感受喝汁后的身体反应。
6. 应付排毒反应：所有身体疗愈过程都会出现排毒反应，宜有心理准备，以免引起不必要的恐慌。

2.11 喝了蔬果汁/昔后便秘怎么办?

多喝蔬果汁，排便会有变化，这是正常的生理反应。

我们大便的颜色会随着食材的性质而改变，如多喝了青汁和绿蔬果昔，大便总会偏向深绿一点；若是一两天只吃水果不吃青菜，或只喝果汁不喝绿蔬果昔或青汁，大便会变成泥黄色（甚至芒果肉那种黄色）；若是多吃了甜菜根、红火龙果等，或喝过它们榨的汁，大便会变成红色。

有小部分人喝了蔬果汁/昔之后反而便秘，这也不足为奇。原因可能是他们一向习惯吃大量精制食物，它们膳食纤维含量低，导致肠道无法正常蠕动，只能靠下一餐的食物渣滓去推动上一餐的排泄，肠道习惯了懒惰不蠕动。蔬果汁/昔大部分是水，也有大量膳食纤维，肠道开始未能适应，需要一段短时间（十多天或更久）才能再次命令肌肉蠕动协助排泄，所以出现短时期便秘的现象。

2.12 喝蔬果汁/昔会使体质偏寒偏湿？

许多人担心水果和蔬菜性寒，多吃会令体质变差，其实只要明白个中真相，就可放心了：

- 体质较平衡或没有明显偏向者，只要不是一口气吃太大量极热极寒的食物，问题不大。
- 绝大部分蔬果都属中性，极热极寒者根本不多，那些体质偏热、偏寒或是又热又寒者，只要暂时避过极热（例如榴莲、荔枝、黑胡椒）极寒（例如芹菜、苦瓜、薄荷）的少数食材，通常不会有不适或危险。
- 如果体质偏寒，在蔬果汁/昔内可以放些姜、黑胡椒、红枣等以中和寒凉食材，同时多晒太阳、劳动出汗、做拍打、艾灸等。
- 多喝蔬果汁/昔后，配合生活方式改变，体质扶正后，再不受食物寒热干扰。

第 3 章

怎样制作蔬果汁/昔

3.1 榨汁有哪些步骤?

动手制作蔬果汁/昔时要想效果好，首先要注意食材是否已预先浸水充分（令本来硬的软化、本来干的发涨），然后把它们切成合适的大小，最后要注意放进机器时的次序。

榨汁机

- 如果是高速榨汁机，可按机器的使用说明排列食材榨汁的次序，有时也可考虑榨出来的特殊效果。例如：先榨其他颜色的食材，倒入杯底，最后再榨甜菜根或红火龙果，这样做出一层不同的颜色，在杯内呈现艺术美感，如果先榨甜菜根或红心火龙果，难免将后面的食材染上不好看的颜色。
- 如果是慢磨式榨汁机，适宜将容易处理的食材（较柔软又水分较多的，例如梨、甜瓜）和难以处理的（例如菜叶、菜梗、小麦草）交替放进去，这样榨的时候不易淤塞，效果理想得多。

搅拌机

食材按照以下次序放进去，会比较方便快捷，效果理想：

1. 先放切成小块的较软且水多的，例如西瓜、香蕉、菠萝。
2. 再放较硬或水分少的，例如青菜、坚果、柿饼、菜叶菜梗、姜黄、姜。
3. 然后（如果有的话）放入粉末状的，例如螺旋藻粉、松针粉、啤酒酵母、味噌、椰枣、胡椒粉、可可粉。
4. 最后加适量的水——建议先加较预期的少量，待搅拌到一半时，再停机打开来检视，此时决定要不要补加，补多少。

3.2 做蔬果昔有什么工序?

将食材洗净切小块（如需去皮则去皮），若是储存在冰箱一段时间，则最好先取出它们恢复室温；放入搅拌机内加水液化即成。搅拌时间要视食材的硬度、韧度和口感要求，以及搅拌机的功能而定，若是使用维他美仕牌搅拌机，二三十秒已足够（开头几秒钟用慢速，然后提升至最高速），若是用其他搅拌机可能需要打久一点。

温馨提示：

- 苹果、梨等水果可以连核一起打碎吃。
- 若是有机食材，许多都可以连皮吃，不必去皮。
- 若是用高功能搅拌机，许多食材的心都可以打碎来吃，例如菠萝、牛油果（只用少量，否则味道苦涩）。

- 若有泡沫，可正常饮用，营养并无影响。
- 凡是坚硬（高龄）的茎，最好先去掉，只用叶来做浓汁。因为这些茎会令浓汁苦涩。鲜嫩的茎没有苦味，可留用。择了出来的茎可以做其他用途，例如做食生版“碎牛肉”“汉堡扒”。

想饮蔬果汁，最简单的方法是到果汁店买一杯。当然，自己调制出来的才是极品，花几百元买一台榨汁机绝对是值得的投资。有些高品质的榨汁机功能比较好，榨出来的汁营养味道兼优。

榨汁最好现榨现饮，即使存放 5 ～ 10 分钟，亦会有大量的营养流失，除非是有保鲜功能的榨汁机。

每天的早午晚餐和茶餐，我们都可以用榨汁机做出各式各样的果汁、菜汁、奶昔、汤，只需几分钟，省钱又省时。

以下是调制蔬果汁的简单步骤：

1. 食材预先洗净，有些需要去皮，如南瓜、橙子；有些需要去核，如芒果；有些需要预先泡水，如杏仁。
2. 果菜种类切勿贪多，一两种最佳，不宜超过 4 种，但有特别疗效要求者例外。
3. 最简单的食材配搭是：选一种你喜爱的，然后再加上苹果和胡萝卜。
4. 每次你想喝蔬果汁的时候，以一杯分量计算，把一个苹果和一个小的或半个大的胡萝卜放入榨汁机里，再加一两种你喜欢的水果或蔬菜。

如果味道太酸，可以加一点健康的甜味剂，例如椰子花蜜、甜菊叶等。

3.3 为什么要选用慢磨的榨汁机?

所谓“慢磨”，其实是指使用榨汁速度较慢的机器来生产，跟比较普遍的那些高速榨汁机不同。高速机器的好处是省时，操作简单得多，但高速处理时产生高温，会破坏食材中的许多养分，特别是酵素和维生素C。慢磨的机器榨汁速度虽然要慢许多，却可以保留较多的营养。

3.4 为什么要选用冷压的蔬果汁?

所谓“冷压”，是指在榨汁过程中，避免了令食材升温的过程。

通常这是指工厂生产的情况，非冷压的蔬果汁往往是经过高温的程序生产出来的。

食材中的营养成分经高温难免会被破坏得很厉害，所以冷压的蔬果汁对健康非常有益。

3.5 怎样挑选机器制作蔬果汁/昔?

榨汁机

1. 方便程度——事实上，没有一个榨汁机清洗是简单的！最好比较一下几款榨汁机清洗和重装工序的繁简程度，估量一下自己有没有耐心和时间去做。各款的设计差异很大，使用之后才可能搞清楚操作是否顺畅，所以购买之前不妨多参考朋友的意见、亲手试用后再做决定。（例如：入口较宽的型号，蔬果放进去前不用切得那么碎，这样可以节约一些时间；又如功率低的榨汁机榨出来的渣滓较湿，有时需要再次放进机内重榨，高效能的榨汁机榨出来的渣滓很干，省下重榨的时间。）

2. 物有所值——通常都是一分钱一分货，廉价榨汁机榨出来的汁很少，长远来看得不偿失。高档的榨汁机不但耐用，榨出来的汁往往品质更理想，这对于重病亟欲改善健康者是值得的投资。
3. 配合需要——先想清楚自己为什么需要多饮用蔬果汁，按照这个原则去挑选，例如若要尽速排毒争取康复（特别是癌症、湿疹之类），最好选可以处理小麦草、野草、芽苗、野菜的慢磨机；若是一家人想享受果汁增加乐趣、吸收营养，那么也可以考虑省钱省时间的高速榨汁机。
4. 环境考虑——根据家居空间，选择高度、宽度合适的榨汁机，另外，还要考虑电线是否够长。

搅拌机

1. 价格——最便宜的和最贵的价格相差二三十倍，我们首先要考量自己的经济能力，乐于为了自己和家人的健康幸福享受付出多少，再结合当下的需要（见下文），然后决定选择哪个档次的机器。
2. 方便程度——搅拌机一般的清洗和拆卸重装工夫相差不远，不过有些搅拌机小巧轻便可以手提出门，甚至附有杯子。也有些是搅拌榨汁二合一的，有的还有食物处理功能（干磨），选购前需要好好了解、亲手试用。
3. 配合需要——先想清楚自己为什么需要饮用蔬果昔，按照这个原则去挑选，例如若要尽快在身体虚弱状态中吸取营养争取康复（特别是癌症、肠胃病等），最好选可以打破细胞壁的搅拌机；若是追求下厨做美食艺术，则需要有干磨功能的搅拌机，方便做食生版饼干、面包等，而且机器的速度要相当，方便研磨或液化较硬的食材（例如牛油果核、老椰青肉）。

4. 耐用程度——朋友开餐厅买了台声称功能匹敌高档机器但只需三分之一价钱的搅拌机，结果四个月就用坏了两台。家居使用在这方面的要求没有那么重要，但也不宜忽略。
5. 环境考虑——厨房能放得下哪种型号的尺寸？电线是否够长？如果住在潮湿又高温的地区，电子板较容易损坏失灵，会使整台机器马上报废，所以宜考虑旧式没有电子板设计的。
6. 安静程度——有些搅拌机运作时发出的噪声达 80 分贝以上，清晨或深夜干扰家人及邻里。决定选用前，宜先搞清楚自己是否需要清晨或深夜搅拌，如果需要的话，要考虑干扰别人有多严重、可以怎样降低音量。

综合数十年下厨养生经验和实际观察，我个人的看法是：

- 如果经济条件、家中环境空间等原因只容许购置一台大型机器，还是先买搅拌机好了（除非有特殊原因，例如想要迅速达到瘦身效果，则可先买榨汁机）。
- 参考过全球各地著名的大师级食生名厨和相熟的热心用户意见，始终觉得搅拌机的首选是“维他美仕”（Vitamix），榨汁机的首选是“绿星”（Green Star）。尝试用过多款牌子型号，我的家厨和餐厅一直采用此二者。

3.6　野菜适合做蔬果汁/昔吗?

本来，郊外天然长出来的（未经人工翻土栽种）“野菜”（包括绝大多数采得的植物），才是最天然的素食食材，既不含农药也没有经保鲜处理，可是我们也必须注意：

- 野外绝大部分植物的花、果、叶、皮、根都不能直接食用（往往是太硬、味道太苦涩或太酸、纤维过多、口感恶劣），即使少部分可以生吃的也可能有毒（比例不高，但杀伤力不容忽视）或者引起过敏（我们的身体不习惯）；
- 部分地区由于高度城市化，郊野生态早已失衡，市民采摘植物，等于进一步破坏本已非常脆弱的郊野生态。

所以，说到底，生活在高度城市化地区的我们到郊外采摘野生植物，完全不适宜，如果真的要这样做，还是要由经验丰富的专家、村民指导才好动手，以保安全。

3.7　怎样令蔬果汁/昔美味引人垂涎?

蔬果汁有多美味，主要取决于食材的挑选、组合（包括比例）、新鲜程度。

（1）选食材

人们的口味偏好，通常是嗜甜、嗜咸（特别是东方人），还有不少人嗜酸嗜辣（因人而异，随习惯、体质、文化而决定），几乎都抗拒苦味及不习惯的怪异味道。此外“鲜味”和香味也能大大增进食欲。

因此，设计蔬果汁/昔（或其他食生菜式）时，按照下面原理选材搭配，无往而不利。

- 甜味——采用够熟的水果，特别是香蕉、芒果、菠萝蜜、柿子、无花果之类，几乎可以保证蔬果汁容易被接受。椰青水则是最最厉害的“秘密武器”。如果食材不够甜又想增加甜度（特别是食材中有酸性的成分）可以用干果，例如椰枣、无花果干、柿饼、葡萄干、红枣、桂圆干等。自家风干的菠萝干也是神来之笔。最后如果没有其他办法，就用椰子花糖、椰子花蜜吧。
- 咸味——西芹、海带等都是最理想的天然咸味来源。味噌则是既方便又有营养的人工咸味调料。自家风干的西红柿干也是很棒的选择。如果都没有，用椰子酱油、椰子调味酱也可以调味。即使是很甜很辣的菜式，加点咸味往往也有点石成金（只要分量得宜）之效。
- 酸味——不少食材本身已经颇酸，例如葡萄柚、杨桃、猕猴桃，若要增加酸味，首选是青柠，次选是柠檬，最后是醋。
- 辣味——辣椒、姜、芥末是极佳的辣味来源；如果还要加辣，咖喱粉最理想，其次是现磨的胡椒，再次是红辣椒粉。
- 苦味——有些食材因其自身的苦味令好多人抗拒，例如苋菜、苦瓜，儿童尤其明显。艾叶营养丰富，却苦得不易入口，不少野菜和种子（例如一些坚果的核）也是。碰到太苦的食材，可以多放甜度、咸度稍高的食物一起搅拌，盖过令人抗拒的味道。
- 鲜味——这是一些氨基酸产生大脑开心反应的现象，奶类、豆类、菌类都含有这种味道。食生厨艺采用海带等食材来增加菜式的鲜味。
- 香味——它可以大大增加食材的吸引力，甚至盖过难以接受的感觉。榴莲、芒果、菠萝、百香果都有这种作用，各种香草、芝麻油、椰子油也方便管用。

（2）组合

食材的配搭，是一种艺术，也是经验累积。相比选材，更讲求灵感、创意。

例如苹果加肉桂，椰子、芒果加姜黄及小茴香，香蕉加可可粉，都是美妙的配搭，相辅相成。

不过，实际运作时，要活用当季食材，并考虑个人体质、身体状态、口味、实时的感觉等。

3.8　做蔬果汁/昔，水果和蔬菜的比例该是多少？

没有特定的比例，蔬果汁/昔可以千变万化。

如果是打昔，可以（通常）有水果也有青菜，但是单用水果也另有一番风味。制作时，水果和青菜的比例非常有弹性，大致的原则是：

- 以分量计，一般是1∶1，或是水果占60%。
- 开始的阶段，建议多放水果，可以达75%，这样容易习惯（最好用自己最喜欢的水果，以及最适合自己体质或当前身体状况最需要的）；过一段时间，逐步增加青菜比例。
- 如果是做给未喝过蔬果昔的人品尝，最好放较高比例（75%）的水果，并且选用味道较淡的青菜（例如芥蓝、芥菜）或味道相对较好的（例如苋菜、豆瓣菜）。建议尝试加入“保证好味”受欢迎的食材，例如椰青水、椰青肉、牛油果、榴莲。如有需要（例如香蕉未熟透、食材太苦太酸)，不妨放一点甜味剂（例如椰枣、葡萄干、无花果干、桂圆干）。

3.9 怎样喝蔬果昔得到最大裨益？

✔ 这样吃

- 鲜制即喝，最好慢慢逐口逐口地喝，混合唾液开开心心吞咽。每天不妨多喝几次，每次一两杯。
- 如果整天要在外奔波，例如上班外勤，亦可以早上在家里预制，用水壶或暖壶装好，方便携带，随时饮用。
- 夏天可以将预制的昔放入冰箱保鲜，但切勿冷冻。

✔ 选食材要注意

- 选有机——如果可能，尽量用有机的蔬果；
- 选新鲜的、合时令的、本地的——即采即制最为理想；
- 叶菜轮替——绿叶中含有生物碱，那是天然的化学物质，有轻微毒性，多吃会引起肠胃不适，大量吃可能中毒。不过每种植物含的生物碱都不同，所以最好经常变化食材，比如星期一吃苋菜、星期二吃菠菜、星期三吃芥蓝、星期四吃生菜、星期五吃油麦菜、星期六吃番薯苗……

食材多多变化

基本上是选自己爱吃的绿叶菜和水果各1种，分量大致相等（开始尝试时，最好用60%水果、40%绿叶菜；之后改为各50%，等到习惯了口味之后，长期以60%绿叶菜+40%水果为标准），加清水搅拌而成；亦可考虑加一些干果来调味。

以下举例——

- 菠菜＋芒果＋水
- 苋菜＋菠萝/番石榴＋水
- 白菜/油菜＋香蕉＋水
- 萝卜叶/红菜头叶＋苹果/梨＋水
- 生菜＋西瓜＋芽菜＋水
- 芥蓝嫩叶/艾草＋木瓜/番石榴＋水
- 芥蓝嫩叶＋无花果＋青柠＋水
- 菠菜＋牛油果＋橙/桃/榴莲/菠萝蜜/提子＋水
- 西兰花＋椰肉＋椰青水
- 嫩红薯叶/野菜＋薄荷叶/罗勒/松针＋荔枝/桂圆＋水

起死回生

不过，喝得多了，千篇一律，总会觉得单调。自己尝试新品，又时常会搞出味道不合口味的怪物。

将大地恩情的食材倒掉，无疑心疼和有罪恶感。其实总有方法扭转乾坤的。

下一次你的绿蔬果昔味道大家不喜欢，不妨尝试这样出招，令它脱胎换骨。

1. 香蕉万能——多放一两根成熟的香蕉，它的甜味和质感往往有神奇的效果。
2. 椰子祝福——开一个椰青，连水带肉加进去，不但会使蔬果昔味道骤变，也增加了营养。
3. 终极甜蜜——当然是椰枣。记得去核，多搅拌一会儿（维他美仕这样的搅拌机打 20 ～ 30 秒，一般搅拌机打 1 ～ 2 分钟，这样甜味才出来）。
4. 古早安抚——加一两茶匙高档的酱油，或两汤匙味噌（分量视该种酱的咸味而定）。
5. 时令水果——找来自己最喜欢吃的当季鲜果，尤其是香味浓的品种，例如芒果、番石榴、菠萝、榴莲。
6. 出辣招——也是绝好的方法，例如指天椒、咖喱粉、胡椒粉（全粒的胡椒最为理想，不过搅拌时间要稍长）。
7. 加稠——用牛油果、奇亚籽、火麻仁、亚麻籽、杏仁酱、芝麻酱等令口感改变，容易接受。
8. 冰封待用——若是真的难以挽救，加了多少新食材味道仍然难以接受，最后的解救方法就是倒进冰块格内，放入冰箱冷冻。日后每次食用之时，逐一拿出来加入当天的蔬果昔中。

3.10 做汁 / 昔要用什么水？

饮用水是现代生活追求健康的基本课题，我们日常喝的水——蒸馏水、矿泉水、开水——都不是最理想的。恰恰从水龙头流出来的是较有生命力的，如果滤走其中的泥糜、氯气、重金属等毒物，就是理想的饮用水，即过滤水

（可直接饮用的生水），用来做茶、做汤汁、做蔬果汁/昔或直接饮用，都是不错的选择。若能装置有活化功能的就更理想，例如π水机[①]能将水π化，实时恢复天然的生命力。我家和我店都用这种装置。

饮用水过滤系统的功能未必与价格成正比，但是大致上始终低价的难有高品质，能够好好净化和活化饮用水的系统，价格要昂贵一些。

市面上的饮用水过滤系统，大概可分为三类：

1. 第一类：只能除掉一般杂质，例如泥糜，价钱500～1000元。
2. 第二类：可除掉多种重金属及其他有害物质，价钱1000～5000元。
3. 第三类：除了净化水质除害外，还可令水增添生命力，价钱5000～40000元。

装了较为优质的饮用水过滤系统，就不用烧水，即可直接饮用，省却许多麻烦和金钱，对健康有益。

3.11 怎样为蔬果汁及绿蔬果昔保鲜？

我们每天上班、上学、旅行、交际，都可以自带果汁或绿蔬果昔随时享用。以下是一些保鲜提示：

- 选择附有保鲜功能的榨汁机，榨出来的汁可在一两天内保存较多营养。
- 用不透光的小瓶盛装，尽可能注满一瓶以减少瓶内空气。

---

① π水机：一种高科技滤水装置，能为饮用水添加大自然中的水蕴含的活力，或添加在消毒及输送过程中流失的能量元素。这一过程称为“π化”，生成的水称为“π水”或“健康活性能量水”。

- 热天采用保温瓶盛装。若将保温瓶预先放在冰箱冷藏一会儿再注入蔬果汁带出门，避热效果更佳。抵达办公地点后尽快将蔬果汁放入冰箱冷藏。
- 通常青菜汁经过几小时后，营养流失比水果汁少。
- 一般而言，在 20℃以下的天气，只要按这些步骤处理，营养味道损失可以减到最低。

温馨提示：

乘飞机不准携带液体，所以必须在登机前饮完。多喝就要频繁如厕，若长途汽车无厕所设备，切勿这样饮用。

3.12　怎样鼓励小孩喝蔬果汁/昔？

口味正常健康的小孩子总有喜欢喝的蔬果汁，只要大人正确去做，他们应该非常欢迎，加一点点心思，他们更会开心接受。

分享一些经验：

- 别心急——婴儿 6 个月以前除了母乳和清水外绝不适宜给予任何饮品食品。由 6 个月开始，不妨慢慢地、逐一地喂食最简单的果汁果昔，例如香蕉、梨、苹果，每餐都只用一种，绝不要调味或加别的成分。一岁之后，再开始给予较复杂的蔬果昔。
- 由绿蔬果昔开始——男女老少都不例外，先让他们品尝、习惯最简单的绿蔬果昔，开始时少菜多甜水果（例如 75% 香蕉 +25% 菠菜或生菜，不妨加一点点菠萝或芒果或椰青肉，用椰青水代替清水来搅拌更妙）。

- 多彩多姿——时常变换口味（除非他们情有独钟那亦无妨），按时令而调配。
- 艺术装饰——在蔬果汁/昔之上加上各种亮丽的装饰，例如撒上螺旋藻粉、椰子干碎、巧克力粉、海带芽、枸杞、鲜花瓣等。
- 有所避忌——小孩对于有些不习惯的、较为怪异的味道往往非常抗拒，例如苦瓜、香菜、茄子等。

第2部分

实践

第4章

喝出美丽

4.1 美白

4.1.1 四公主美颜饮

食材（2 杯分量）：

胡萝卜（中）1根、橙子1个、苹果半个、菠萝块1杯

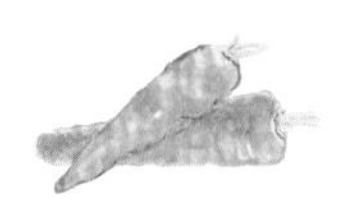

工具：

搅拌机

做法：

1. 胡萝卜洗净去皮，橙子和苹果去皮去核，全部切小块；
2. 连同菠萝块全部放入搅拌机，加适量过滤水（可直接饮用的生水）高速液化即成。

温馨提示：

- 最好找到有机橙子，连皮享用。
- 橙子的食疗功效包括消食、预防“富贵病”、清肠、治疗感冒咳嗽、抗癌、预防胆结石、缓解压力。
- 苹果的食疗功效包括调理肠胃、抗氧化、防衰老、美容养颜、降低胆固醇、排肝毒、降低患慢性疾病的风险、预防白内障等。
- 菠萝的食疗功效包括抗氧化、提高免疫力、防寒、强健骨骼、护齿、护眼、消炎、防治癌症、防治动脉粥样硬化、护心、助消化、控制血压、驱虫、止吐等。
- 胡萝卜的食疗功效包括保护视力、降血压、降糖、降脂、防癌抗癌、抗衰老、通便、瘦身、抗过敏、美颜、促进婴幼儿生长、补血、增强性能力、清除体内重金属等。

我的蔬果汁/昔健康日记

4.1.2　西红柿芹菜汁

食材（2 杯分量）：

西红柿（小）2 个、芹菜（小）半棵或油麦菜 1 小把、柠檬汁适量

工具：

榨汁机

做法：

西红柿和芹菜（或油麦菜）洗净后切小，和柠檬汁一起用榨汁机榨汁，即可享用。

温馨提示：

- 西红柿的食疗功效包括抗癌、提高免疫力、护心、保护前列腺、增强性能力等。
- 芹菜的食疗功效包括防治高血压、开胃、降血糖、补血、凉血止血、瘦身、通便、预防痛风、抗癌、美颜、提升性欲等。
- 油麦菜的食疗功效包括降血脂、清肝利胆、清热祛火、利尿、开胃、护心、安神助眠、通便、促进血液循环、瘦身等。
- 柠檬的食疗功效包括助消化、清理肠道、提高免疫力、瘦身、美肤、除口臭等。

4.1.3 美白三宝

食材（2 杯分量）：

螺旋藻粉 2 茶匙、葡萄柚 1 个、椰青 1 个

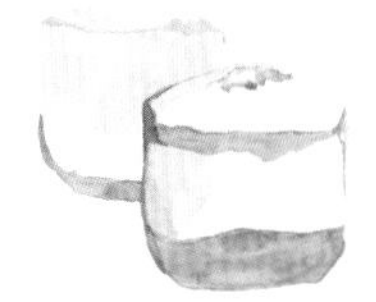

工具：

榨汁机

做法：

1. 先将椰青破开，取水（椰青肉留作他用）；
2. 葡萄柚榨汁；
3. 把葡萄柚汁、椰青水及螺旋藻粉拌匀，即可享用。

温馨提示：

- 螺旋藻的食疗功效包括排毒、护肤、葆青春、瘦身、防治缺铁性贫血等，特别适合高龄人士食用。
- 葡萄柚的食疗功效包括瘦身、养颜、护发、增强食欲、降低胆固醇、减压、预防心脏病等。
- 椰子和椰子油的食疗功效包括防治心脏病，防治糖尿病，防治癌症，增强免疫力，抵抗细菌病毒，调节新陈代谢，助消化，瘦身，溶解肾结石，预防动脉粥样硬化、骨质疏松症，防止未老先衰，减少癫痫症发作，防治肾病、肝病、胆病，护肤，抗氧化，护发，减压，止痛，提升活力，消暑解渴等。

4.1.4　红秀丽汁

食材（2杯分量）：

西红柿（小）2个、红甜椒1个

工具：

榨汁机

做法：

1. 西红柿洗净切小块，红甜椒去核切小块；
2. 用榨汁机榨汁。

温馨提示：

- 西红柿的食疗功效包括抗癌、提高免疫力、护心、保护前列腺、增强性能力等。
- 红甜椒的食疗功效包括抗氧化、抗癌、护心、护眼、补血等。

4.1.5 珊瑚蔬菜奶

食材（4 杯分量）：

珊瑚藻 50 克、胡萝卜（中）1 根、芹菜 1 根、椰青 1 个

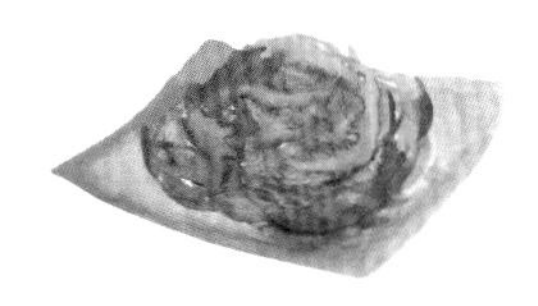   

调味料：

姜黄或姜黄粉少许

工具：

搅拌机

做法：

1. 珊瑚藻充分浸泡后切小块，胡萝卜去皮切小块，芹菜切段，椰青破开，取水和肉；
2. 所有食材放入搅拌机内，高速液化，实时享用。

温馨提示：

- 泡发珊瑚藻方法：将珊瑚藻洗净，浸泡 20 个小时左右（或用 41℃温水泡数小时）。每种珊瑚藻硬度不一样，浸泡时间视需要而定；如果所用的搅拌机功率较大，则无需浸泡那么长时间。
- 珊瑚藻有“海底燕窝”的美誉。它的食疗功效包括强化筋骨、清宿便、排毒、补血、促使肠道蠕动、提高免疫力、养颜、降胆固醇、降血压、治过敏症、治皮肤病、平喘、调经、壮阳壮腰等。
- 胡萝卜的食疗功效包括保护视力、降血压、降糖、降脂、防癌抗癌、抗衰老、通便、瘦身、抗过敏、美颜、促进婴幼儿生长、补血、增强性能力、清除重金属等。
- 芹菜的食疗功效包括防治高血压、开胃、降血糖、补血、凉血止血、瘦身、通便、预防痛风、抗癌、美颜、提升性欲等。
- 椰子和椰子油的食疗功效包括防治心脏病，防治糖尿病，防治癌症，增强免疫力，抵抗细菌病毒，调节新陈代谢，助消化，瘦身，溶解肾结石，预防动脉粥样硬化、骨质疏松症，防止未老先衰，减少癫痫症发作，防治肾病、肝病、胆病，护肤，抗氧化，护发，减压，止痛，提升活力，消暑解渴等。

我的蔬果汁/昔健康日记

4.1.6 芒果布丁

食材（2杯分量）：

熟芒果2个、红薯叶2杯、熟香蕉1根或梨1个、青柠（连皮）1个

工具：

搅拌机

做法：

1. 全部食材切碎粒放入搅拌机内，加过滤水（可直接饮用的生水）高速液化；
2. 放入碗内静置10分钟成果冻状即成可口的芒果布丁。

温馨提示：

- 芒果的食疗功效包括通便、美容、杀菌、止吐、抗癌、防治各种慢性病等。
- 红薯叶的食疗功效包括提高免疫力、护心、保护骨骼、缓解生理痛、防治癌症、护脑、护齿、护眼、防治糖尿病、消炎、护肤护发等。
- 香蕉的食疗功效包括减压、舒缓身心、止抑郁、提神、止痛、通便、防治胃溃疡、护眼、降血压、防中风、解宿醉、护脑、补血、帮助戒烟等。
- 青柠的食疗功效包括抗炎杀菌、增强抵抗力、降血压、杀菌、促进消化等。

4.1.7　除青春痘美饮

食材（1 杯分量）：

橙子 1 个、胡萝卜（中）1/4 根

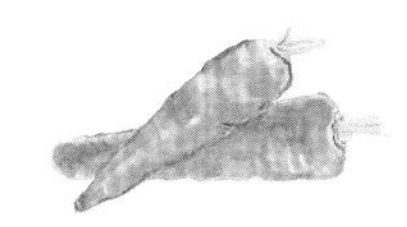

工具：

搅拌机

做法：

1. 橙子去皮去核，胡萝卜洗净；
2. 全部切小块，放入搅拌机液化即成。

温馨提示：

- 橙子的食疗功效包括消食、预防“富贵病”、清理肠道、治疗感冒咳嗽、抗癌、预防胆结石、缓解压力。
- 胡萝卜的食疗功效包括保护视力、降血压、降糖、降脂、防癌抗癌、抗衰老、通便、瘦身、抗过敏、美颜、促进婴幼儿生长、补血、增强性能力、清除重金属等。

4.2 除斑

4.2.1 荔枝果昔

食材：

荔枝、香蕉

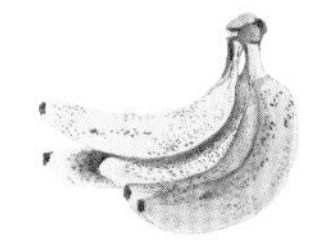

工具：

搅拌机

做法：

1. 荔枝去皮去核切小块，香蕉去皮切小块；
2. 放入搅拌机内，加过滤水（可直接饮用的生水）高速搅拌液化，实时享用。

温馨提示：

- 荔枝和香蕉的比例完全自由，按口味和身体需要决定。
- 荔枝是大热的食品，温热性体质者不宜多吃，以免上火。
- 荔枝的食疗功效包括防止雀斑、令皮肤光滑、补脑、改善失眠、缓解疲劳、提高免疫力、降血糖、促进血液循环、增进食欲、消肿解毒、止血、止痛等。
- 香蕉的食疗功效包括减压、舒缓身心、止抑郁、提神、止痛、通便、防治胃溃疡、护眼、降血压、预防中风、解宿醉、护脑、补血、帮助戒烟等。

4.3 除暗疮

4.3.1 美白葆青春秋葵汤

食材：

秋葵 3 ～ 4 根、苹果 1 个、火麻仁 1 茶匙（也可以不用）

调味料：

味噌或酱油随意

工具：

搅拌机

做法：

1. 所有食材全部洗净切小块；
2. 放入搅拌机内，加过滤水（可直接饮用的生水）高速搅拌液化，实时享用。

温馨提示：

- 秋葵的食疗功效包括美白、抗衰老、改善口臭、通便、治暗疮、恢复体力。
- 苹果的食疗功效包括调理肠胃、抗氧化、防衰老、美容养颜、降低胆固醇、排肝毒、降低患慢性疾病的风险、预防白内障等。
- 火麻仁的食疗功效包括护心、抗炎、加速伤口康复、增强抵抗力、降血压及胆固醇、改善血液循环、加速新陈代谢、补脑、瘦身、防治糖尿病、通便、防治湿疹及其他皮肤病等。

我的蔬果汁/昔健康日记

4.4　润肤

4.4.1　清凉猕猴桃苹果汁

食材（2杯分量）：

猕猴桃2个、苹果1个、薄荷叶少许

工具：

榨汁机

做法：

1. 将所有食材全部洗净，猕猴桃去皮，苹果去核切小块；
2. 用榨汁机榨汁。

温馨提示：

- 这款饮品具有调养肌肤、滋润美白、减少皱纹产生的功效。
- 猕猴桃的食疗功效包括美容养颜、排毒清肠、预防抑郁症、增强免疫力、预防心血管病等。
- 苹果的食疗功效包括调理肠胃、抗氧化、防衰老、美容养颜、降低胆固醇、排肝毒、降低患慢性疾病的风险、预防白内障等。
- 薄荷的食疗功效包括健脾保肝、健胃、护心、镇痛、降温解暑、通气润喉、助眠、美颜、清新口气、兴奋大脑、缓解情绪、帮助消化、预防口臭等。

4.4.2 芦笋美昔

食材（2 杯分量）：

芦笋 2 条、胡萝卜 4 根、球状生菜半个、菠菜 1 把

工具：

搅拌机

做法：

1. 所有食材全部洗净切小块（段）；
2. 放入搅拌机内，加过滤水（可直接饮用的生水）高速搅拌液化，实时享用。

温馨提示：

- 芦笋的食疗功效包括防癌、帮助消化、保持骨骼健康、护心、护脑、预防新生儿缺陷、调节血糖、利尿、护眼、抗衰老等。
- 胡萝卜的食疗功效包括保护视力、降血压、降糖、降脂、防癌抗癌、抗衰老、通便、瘦身、抗过敏、美颜、促进婴幼儿生长、补血、增强性能力、清除体内重金属等。
- 生菜的食疗功效包括降血压、抗癌、护肝、排毒、护眼、抗病毒、瘦身、镇痛助眠、驱寒利尿、帮助消化、增进食欲、促进血液循环等。
- 菠菜的食疗功效包括护心、抗氧化、促进新陈代谢、增强抵抗力、补血、通便、稳定血糖、抗衰老等。

4.4.3　浓情火龙果奶昔

食材（1 杯分量）：

红或白火龙果 1 个、腰果 8 粒、桂圆 2 粒（可以不用）、过滤水（可直接饮用的生水）适量

调味料：

椰枣 1 粒或椰子花蜜随意

工具：

搅拌机

做法：

1. 火龙果去皮切小块，腰果最好先催芽（用过滤水浸泡半天或一晚），椰枣去核；
2. 放入搅拌机内，加适量过滤水高速液化，实时享用。

温馨提示：

- 这款饮品非常受欢迎，特别适合作早餐和茶餐，作为派对小食亦宜。
- 火龙果的食疗功效包括护肤、抗癌、护心、防治糖尿病、助消化、抗炎症、护眼等。
- 桂圆的食疗功效包括护心、抗癌、美颜、补脑、葆青春、补血、安胎等。
- 腰果的食疗功效包括补充体力、消除疲劳、抗衰老、养颜、瘦身、护心、预防骨质疏松、保护关节、提高免疫力、促进新陈代谢、利尿消肿、降血压、通便、增加乳汁等。
- 椰枣的食疗功效包括护心、提升活力、满足甜瘾、调节激素、助产、通便、提升性功能、瘦身、防治肝病、护眼、加速伤口复原、强健骨骼和牙齿等。

我的蔬果汁/昔健康日记

4.5　纤体

4.5.1　香甜芒果菠萝汁

食材（2杯分量）：

芒果2个、菠萝块1杯、橙子半个、绿叶菜少许（也可以不用）、姜少许

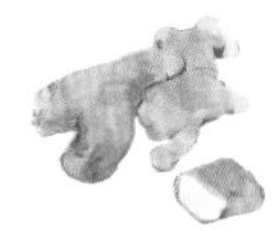

工具：

榨汁机

做法：

1. 将除菠萝块外的食材洗净切碎；
2. 所有食材一起用榨汁机榨汁。

温馨提示：

- 芒果的食疗功效包括通便、美容、杀菌、止吐、抗癌、防治各种慢性病等。

- 菠萝的食疗功效包括抗氧化、提高免疫力、防寒、强健骨骼、护齿、护眼、消炎、防治癌症、防治动脉粥样硬化、护心、助消化、控制血压、驱虫、止吐。
- 橙子的食疗功效包括消食、预防“富贵病”、清理肠道、治疗感冒咳嗽、抗癌、预防胆结石、缓解压力等。
- 姜的食疗功效包括抗氧化、抗癌、促进食欲、抑制老年斑、防胆结石、护心、解毒、防治肠胃炎、抑制皮肤真菌、活血、驱寒、排汗降温等。

我的蔬果汁/昔健康日记

4.5.2 壮机能西红柿芹菜汁

食材（2 杯分量）：

西红柿 2 个、芹菜半棵、柿子 1 个（也可以不用）、柠檬汁少许

工具：

榨汁机

做法：

西红柿、芹菜洗净切小块，和柠檬汁一起用榨汁机榨汁。

温馨提示：

- 柿子或柿饼是方便有益的甜味剂，可让饮品变得更美味。
- 西红柿的食疗功效包括抗癌、提高免疫力、护心、保护前列腺、增强性能力等。
- 芹菜的食疗功效包括防治高血压、开胃、降血糖、补血、凉血止血、瘦身、通便、预防痛风、抗癌、美颜、提升性欲等。
- 柠檬的食疗功效包括助消化、清理肠道、提高免疫力、瘦身、美肤、除口臭等。
- 柿子的食疗功效包括润肠通便、护心、改善甲状腺疾病等。

4.5.3 美容瘦身昔

食材（2 杯分量）：

猕猴桃 4 个（或杨桃 2 个或樱桃 20 颗或西梅 4 颗）、牛油果半个、过滤水（可直接饮用的生水）1 杯

工具：

搅拌机

做法：

1. 猕猴桃去皮切小块，牛油果去皮去核切小块；
2. 所有食材放入搅拌机内，加适量过滤水高速搅拌液化，实时享用。

温馨提示：

- 可依个人喜好加减过滤水分量，调出个人喜爱的稀稠度。
- 猕猴桃的食疗功效包括美容养颜、排毒清肠、预防抑郁症、增强免疫力、预防心血管病等。
- 杨桃的食疗功效包括增强免疫力、消除疲劳、开胃、止咳化痰、润肺、美颜、护心、护齿、瘦身等。
- 樱桃的食疗功效包括抗贫血、防治麻疹、祛风湿、止痛、瘦身、美颜等。

- 西梅的食疗功效包括通便、强健骨骼、护眼、护心、抗衰老、补血、护肤、瘦身等。
- 牛油果的食疗功效包括降低胆固醇、降血压、防治糖尿病、保护消化系统、护眼、预防先天疾患、防治关节炎、美容护肤、瘦身、改善虚冷症状等。

我的蔬果汁/昔健康日记

4.6 护发

4.6.1 乌发黑芝麻香蕉奶

食材（4 杯分量）：

黑芝麻半杯、香蕉 2 根、椰枣 4 ～ 6 粒（约 20 克）、过滤水（可直接饮用的生水）2 杯

工具：

搅拌机

做法：

1. 黑芝麻洗干净，用 1 杯过滤水浸泡 1 小时以上催芽，沥干水分备用；
2. 香蕉切小块、椰枣去核切粒；
3. 将黑芝麻、香蕉、椰枣和适量过滤水放入搅拌机，高速搅拌液化，实时享用。

温馨提示：

- 黑芝麻的食疗功效包括护发、降血压、养颜润肤、提高生育能力、通便、瘦身、抗衰老等。
- 香蕉的食疗功效包括减压、舒缓身心、止抑郁、提神、止痛、通便、防治胃溃疡、护眼、降血压、防中风、解宿醉、护脑、补血、帮助戒烟等。

- 椰枣的食疗功效包括护心、提升活力、满足甜瘾、调节激素、助产、通便、提升性功能、瘦身、防治肝病、护眼、加速伤口复原、强健骨骼和牙齿等。

我的蔬果汁/昔健康日记

4.6.2 香滑高营养芝麻昔

食材（2 杯分量）：

黑芝麻 2 汤匙、椰青 1 个

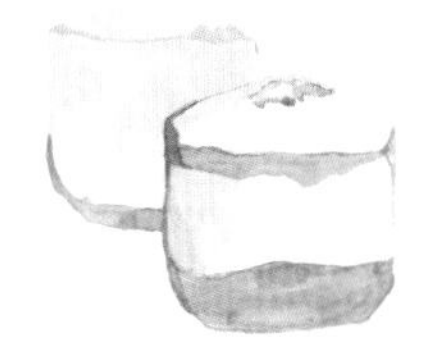

工具：

搅拌机

做法：

1. 椰青打开起肉取水；
2. 椰青肉及水连同黑芝麻放入搅拌机高速液化，实时享用。

温馨提示：

- 黑芝麻的食疗功效包括护发、降血压、养颜润肤、提高生育能力、通便、瘦身、抗衰老等。
- 鲜椰子和椰子油的食疗功效包括防治心脏病，防治糖尿病，防治癌症，增强免疫力，抵抗细菌病毒，调节新陈代谢，助消化，瘦身，溶解肾结石，预防动脉粥样硬化、骨质疏松症，防止未老先衰，减少癫痫发作，防治肾病、肝病、胆病，护肤，抗氧化，护发，减压，止痛，提升活力，消暑解渴等。

4.6.3　青春活血润发昔

食材（4 杯分量）：

黄瓜 1 条、牛油果 1/2 个、羽衣甘蓝叶（或其他深绿叶菜）50 克、香菜 10 克、过滤水（可直接饮用的生水）1 杯

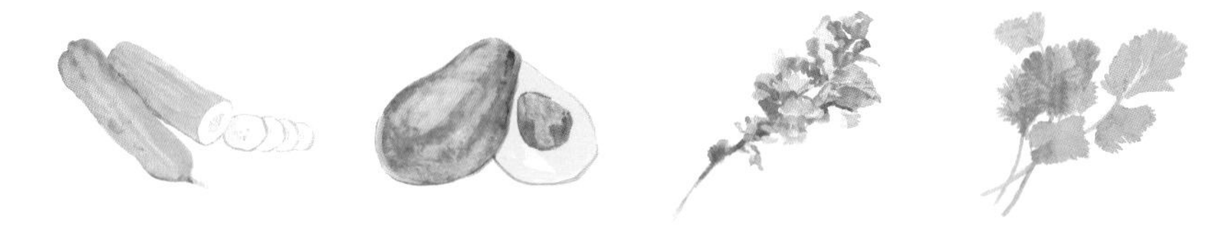

工具：

搅拌机

做法：

1. 黄瓜、羽衣甘蓝叶、香菜洗净切碎，牛油果去皮、去核，切小块；
2. 将所有食材放入搅拌机，高速搅拌液化，实时享用。

温馨提示：

- 可依个人喜好加减过滤水分量，调出个人喜爱的稀稠度。
- 黄瓜的食疗功效包括止头痛、排毒美容、美发美甲、护肤、护肝、护心、降血糖、降血压、降血脂、帮助消化、消除口臭、护眼、减轻关节疼痛、抗癌、抗衰老等。
- 牛油果的食疗功效包括降低胆固醇、降血压、防治糖尿病、保护消化系统、护眼、预防先天疾患、治关节炎、美容护肤、瘦身、改善虚冷症状等。
- 羽衣甘蓝的食疗功效包括护眼、护肤、增强免疫力、护肠、防癌、防治慢性病、强健骨骼及牙齿、防衰老、补血、美容养颜等。
- 香菜的食疗功效包括促进血液循环、健胃、治感冒、驱寒、发汗清热等。

4.6.4 香蕉螺旋藻奶昔

食材（2 杯分量）：

香蕉 2 根、螺旋藻粉 2 茶匙、芒果 1/2 ～ 1 个、水 150 毫升

工具：

搅拌机

做法：

1. 香蕉、芒果去皮去核后切片；
2. 全部食材用搅拌机高速液化后饮用。

温馨提示：

- 香蕉的食疗功效包括减压、舒缓身心、止抑郁、提神、止痛、通便、防治胃溃疡、护眼、降血压、防中风、解宿醉、护脑、补血、帮助戒烟等。
- 螺旋藻的食疗功效包括排毒、护肤、葆青春、瘦身、防治缺铁性贫血等，特别适合高龄人士进补。
- 芒果的食疗功效包括通便、美容、杀菌、止吐、抗癌、防治各种慢性病等。

4.6.5　护发润肤水蜜桃昔

食材（2杯分量）：

水蜜桃1个、牛油果半个

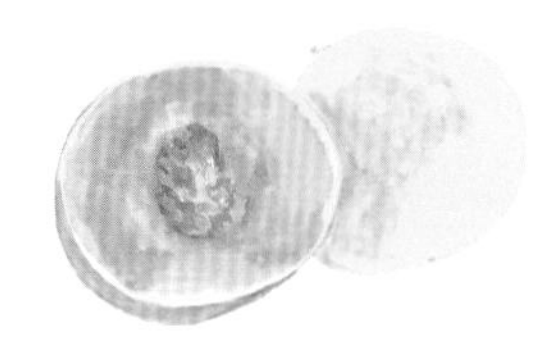

工具：

搅拌机

做法：

1. 全部食材去皮去核切小块；
2. 放入搅拌机加过滤水（可直接饮用的生水）液化即成。

温馨提示：

- 这是令秀发亮丽的美味饮品——水蜜桃可为皮肤和毛发供应水分，增强毛发的弹性；牛油果可提供大量营养，令头皮血液循环更理想。
- 水蜜桃的食疗功效包括利尿通淋、补血、抗癌、抗血凝、止咳平喘、护肝胆、治疗月经不调、助消化、养颜、美白祛斑等。
- 牛油果的食疗功效包括降低胆固醇、降血压、防治糖尿病、保护消化系统、护眼、预防先天疾患、防治关节炎、美容护肤、瘦身、改善虚冷症状等。

4.7 抗氧化

4.7.1 葆青春红甜椒汤

食材（2 杯分量）：

红甜椒 1 个、梨 1 个、腰果少许

工具：

搅拌机

调味料：

鼠尾草（亦可用小茴香之类的香料）、海盐（或豉油）

做法：

1. 将甜椒和梨洗净去核切小块；
2. 所有食材连同调味料一起放入搅拌机，加入适量过滤水（可直接饮用的生水），高速液化。

温馨提示：

- 腰果可用其他坚果取代，分量视个人喜好的稀稠度而定，分量越多汤越香滑，且食用后饱腹感越强。

- 红甜椒的食疗功效包括抗氧化、抗癌、护心、护眼、补血等。
- 梨的食疗功效包括排毒通便，润肺清燥，止咳化痰，降血压，预防痛风、风湿病和关节炎，护肝，养阴润燥，止咳润肺，促进血液循环，补钙，排毒，净化机体，软化血管等。
- 腰果的食疗功效包括补充体力、消除疲劳、抗衰老、养颜、瘦身、护心、预防骨质疏松、保护关节、提高免疫力、促进新陈代谢、利尿消肿、降血压、通便、增加乳汁等。

我的蔬果汁/昔健康日记

4.7.2 抗氧化降脂三宝汤

食材（4 杯分量）：

红甜椒（中）2 个、西红柿（中）1 个、梨 1 个、过滤水（可直接饮用的生水）2 杯

调味料：

鼠尾草少许、海盐少许（随口味）

工具：

搅拌机

做法：

1. 红甜椒及西红柿洗净切小块，梨洗净去皮去核切小块；
2. 将所有食材及调味料连同过滤水放入搅拌机，高速搅拌液化，实时享用。

温馨提示：

- 鼠尾草可以用小茴香之类的香料代替。
- 海盐可用酱油代替。
- 可依个人喜好加减过滤水分量，调出个人喜爱的稀稠度。

- 红甜椒的食疗功效包括抗氧化、抗癌、护心、护眼、补血等。
- 西红柿的食疗功效包括抗癌、提高免疫力、护心、保护前列腺、增强性能力等。
- 梨的食疗功效包括排毒通便，润肺清燥，止咳化痰，降血压，预防痛风、风湿病和关节炎，护肝，养阴润燥，止咳润肺，促进血液循环，补钙，排毒，净化机体，软化血管等。

我的蔬果汁/昔健康日记

4.7.3 抗氧化红石榴汁

食材（2 杯分量）：

红石榴 1 个、苹果 1 个（可不加）、柠檬半个

调味料：

黑盐少许、印度蔬菜香料少许

工具：

搅拌机

做法：

1. 红石榴洗净取籽，苹果洗净切小块，柠檬洗净去皮去核切小块；
2. 将所有食材及调味料放入搅拌机，加适量过滤水（可直接饮用的生水）高速液化，实时享用。

温馨提示：

- 柠檬最好是有机的，可连皮榨汁。
- 苹果最好是有机的，可连皮享用。
- 黑盐是一种有特别味道（不少人觉得像皮蛋味）的盐，有些健康食品店有售。

- 红石榴的食疗功效包括消炎，抗氧化，抗癌，降血压，护心，改善男性性功能，对抗细菌、真菌感染等。
- 苹果的食疗功效包括调理肠胃、抗氧化、防衰老、美化皮肤、降低胆固醇、排肝毒、降低患慢性疾病的风险、预防白内障等。
- 柠檬的食疗功效包括助消化、清理肠道、提高免疫力、瘦身、美肤、除口臭等。

4.7.4 红薯叶辣果昔

食材（4 杯分量）：

红薯叶 100 克、梨 1 个、芒果 1 个、百香果 1 个、辣椒适量、过滤水（可直接饮用的生水）1 杯

工具：

搅拌机

做法

1. 红薯叶切碎，梨去皮去核切小块，芒果去核切小块，百香果取肉，辣椒切小块；
2. 将所有食材加过滤水放入搅拌机，高速搅拌液化，实时享用。

温馨提示：

- 若想口感更佳，可将百香果加水，放入搅拌机稍为打碎，隔渣取汁。
- 可依个人喜好加减过滤水分量，调出个人喜爱的稀稠度。
- 用各种梨都可以，但是采用丰水梨做这款蔬果昔效果似乎特别好。
- 红薯叶的食疗功效包括提高免疫力、护心、强健骨骼、舒缓生理痛、治癌、护脑、护齿、护眼、防治糖尿病、消炎、护肤、护发等。

- 梨的食疗功效包括排毒通便，润肺清燥，止咳化痰，降血压，预防痛风、风湿病和关节炎，护肝，养阴润燥，止咳润肺，促进血液循环，补钙，排毒，净化机体，软化血管等。
- 芒果的食疗功效包括通便、美容、杀菌、止吐、抗癌、防治各种慢性病等。
- 百香果的食疗功效包括消炎、排毒养颜、瘦身、助眠、止渴润喉、抗癌、降低胆固醇、降血压、促进代谢、排毒、通便、增强免疫力等。
- 辣椒的食疗功效包括防治感冒咳嗽、预防胆结石、护心、促进血液循环、健胃助消化、降血糖、护肤、瘦身、防感冒、防辐射、益寿、暖胃驱寒、美颜等。

我的蔬果汁/昔健康日记

4.8 逆龄葆青春

4.8.1 葆青春西红柿鸡尾酒

食材（2 杯分量）：

西红柿（小）2 个、黄瓜半根

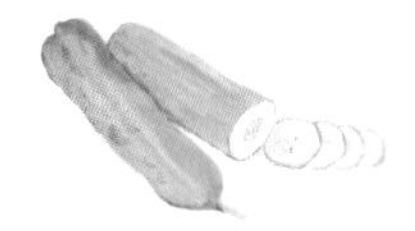

调味料：

青柠（或柠檬）汁少许、盐少许

工具：

搅拌机

做法：

1. 西红柿、黄瓜洗净切小块，青柠榨汁；
2. 全部食材放入搅拌机内，加入过滤水（可直接饮用的生水）适量高速液化，实时享用。

温馨提示：

- 西红柿的食疗功效包括抗癌、提高免疫力、护心、保护前列腺、增强性能力等。
- 黄瓜的食疗功效包括止头痛、排毒美容、美发美甲、护肤、护肝、护心、降血糖、降血压、降血脂、帮助消化、消除口臭、护眼、减轻关节疼痛、抗癌、抗衰老等。

4.8.2　抗衰老松针奶昔

食材（4 杯分量）：

香蕉 2 根、芒果 1 个、松针粉 2 茶匙、过滤水（可直接饮用的生水）1 杯

工具：

搅拌机

做法：

1. 香蕉去皮切小块，芒果去皮去核切小块；
2. 将所有食材放入搅拌机，高速搅拌液化，实时享用。

温馨提示：

- 可依个人喜好加减过滤水分量，调出个人喜爱的稀稠度。
- 香蕉的食疗功效包括减压、舒缓身心、止抑郁、提神、止痛、通便、防治胃溃疡、护眼、降血压、防中风、解宿醉、护脑、补血、戒烟等。
- 芒果的食疗功效包括通便、美容、杀菌、止吐、抗癌、防治各种慢性病等。
- 松针的食疗功效包括助眠，防治心脏病、脑卒中、动脉粥样硬化、便秘、感冒、糖尿病、性功能减退、高脂血症、青春痘、肥胖、心肌梗死、哮喘、中风口斜、牙痛、口臭、噤声失语、阿尔茨海默病、反胃、晕车船、急性胃炎、过敏性鼻炎、肩周炎、风湿性关节痛、颈椎病、下痢、夜盲症、慢性气管炎、体虚；它还可以抗衰老、抗辐射、提高免疫力、解宿醉、祛脂降压、软化血管等。

4.8.3 咖喱牛油果汤

食材（2 碗分量）：

牛油果 1 个、苹果 2 个

调味料：

姜黄粉或咖喱粉、海盐、胡椒粉等随意

工具：

搅拌机

做法：

1. 牛油果去皮去核切小块，苹果洗净切小块；
2. 全部食材及调味料放入搅拌机内，打至顺滑即可；
3. 可留下少量牛油果粒放在汤内做装饰。

温馨提示：

- 牛油果的食疗功效包括降胆固醇、降血压、防治糖尿病、保护消化系统、护眼、预防先天疾患、治关节炎、美容护肤、瘦身、改善虚冷症状等。
- 苹果的食疗功效包括调理肠胃、抗氧化、防衰老、美化皮肤、降胆固醇、排肝毒、降低患慢性疾病的风险、预防白内障等。
- 姜黄是印度咖喱的一种主要成分，它的食疗功效包括防治关节炎、抗氧化、抗癌、防治阿尔茨海默病、防治哮喘。

4.8.4 常青补汤

食材（1 杯分量）：

芥蓝（或其他青菜）少许、西芹少许、黄瓜 1/3 根、牛蒡少许

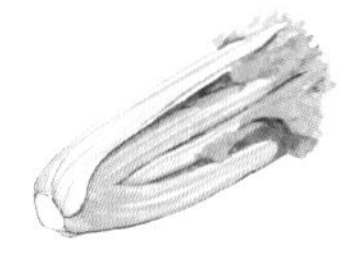
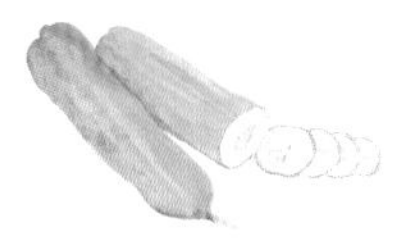

工具：

搅拌机

做法：

1. 全部食材洗净切小块（段）；
2. 放入搅拌机加适量过滤水（可直接饮用的生水）液化即成。

温馨提示：

- 芥蓝的食疗功效包括抗癌、护心、通便、清热解毒、消食、明目、美颜等。
- 西芹的食疗功效包括抗癌、降血压、降胆固醇、促进消化、美容养颜、促进骨骼发育、瘦身、补血等。
- 牛蒡的食疗功效包括健脑、抗癌、提升细胞活力、加速脂肪分解、增强体力、美容养颜、降血压、护肾、抗菌等。
- 黄瓜的食疗功效包括止头痛、排毒美容、美发美甲、护肤、护肝、护心、降血糖、降血压、降血脂、帮助消化、消除口臭、护眼、减轻关节疼痛、抗癌、抗衰老等。

4.8.5 回春面豉汤

食材：

紫菜或海带芽、杏仁或腰果（也可以用杏仁酱、芝麻酱之类取代）

调味料：

味噌

工具：

搅拌机（如果用杏仁酱、芝麻酱则无需机器）

做法：

1. 全部食材放入搅拌机加适量过滤水（可直接饮用的生水）液化即成；
2. 也可以先浸泡紫菜，再加入杏仁酱和味噌，用筷子拌匀即成。

温馨提示：

- 这个汤简单易做，可以随时随地做出来伴餐或解渴（例如在办公地点或出门旅途中、在车船飞机上或旅馆中）。
- 特别适合早上饮用，帮助身体排毒。
- 紫菜的食疗功效包括增强记忆、促进骨骼及牙齿生长、治疗贫血、降血压、降血脂、延缓衰老、提高免疫力，还可以防治癌症。
- 杏仁的食疗功效包括护眼、防治咳嗽气喘、润肺、助消化、降胆固醇、护肤、益寿、抗癌、瘦身、预防慢性病。
- 海带芽是裙带菜的叶片，食疗功效包括降血压、降血脂、抗癌、提高免疫力、降血糖、利尿消肿、护心、消除乳腺增生、护发、瘦身、葆青春等。
- 味噌的食疗功效包括增强体质，降胆固醇，促进肠道健康，通便，防辐射，预防高血压、糖尿病等。

我的蔬果汁/昔健康日记

第5章

喝出洁净

5.1 排毒

5.1.1 强效排毒饮

食材（2 杯分量）：

甜菜根半个、黄瓜 1 根、青柠 1 个

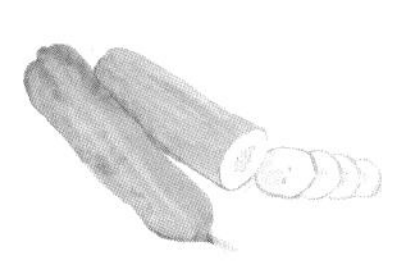

工具：

榨汁机

做法：

1. 全部食材洗净切碎粒；

2. 放入搅拌机内，加入适量过滤水（可直接饮用的生水），高速液化。

温馨提示：

- 甜菜根的食疗功效包括抗癌、降血压、益脑、提升体力、补血、美颜、清肠胃、防便秘等。
- 黄瓜的食疗功效包括止头痛、排毒美容、美发美甲、护肤、护肝、护心、降血糖、降血压、降血脂、帮助消化、消除口臭、护眼、减轻关节疼痛、抗癌、抗衰老等。
- 青柠的食疗功效包括抗炎杀菌、增强抵抗力、降血压、杀菌、促进消化等。

我的蔬果汁/昔健康日记

5.1.2　净体海带芽面豉汤

食材（2碗分量）：

海带芽1汤匙（或紫菜两块）、胡萝卜半根、白萝卜1/4根

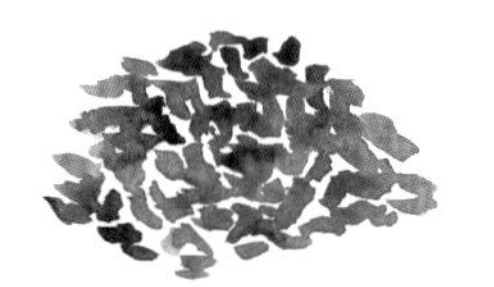
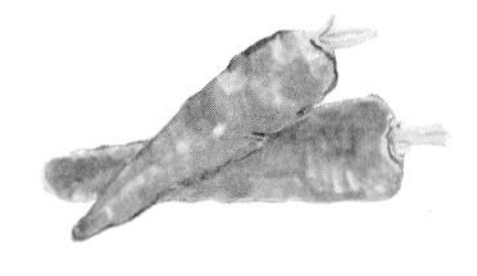

调味料：

味噌

工具：

搅拌机

做法：

全部食材切碎放入搅拌机内，加入适量过滤水（可直接饮用的生水），高速液化。

温馨提示：

- 海带芽是裙带菜的叶片，食疗功效包括降血压、降血脂、抗癌、提高免疫力、降血糖、利尿消肿、护心、消除乳腺增生、护发、瘦身、葆青春等。
- 胡萝卜的食疗功效包括保护视力、降血压、降糖、降脂、防癌抗癌、抗衰老、通便、瘦身、抗过敏、美颜、促进婴幼儿生长、补血、增强性能力、清除体内重金属等。
- 白萝卜的食疗功效包括抗癌、降血压、抗氧化、瘦身、增强免疫力、助消化、抗衰老、美颜等。
- 味噌的食疗功效包括增强体质、降胆固醇、促进肠道蠕动、通便、预防高血压、预防糖尿病、防辐射等。

我的蔬果汁/昔健康日记

5.1.3　强效排毒绿汁

食材（2杯分量）：

红薯叶 100 克、黄甜椒 2 个

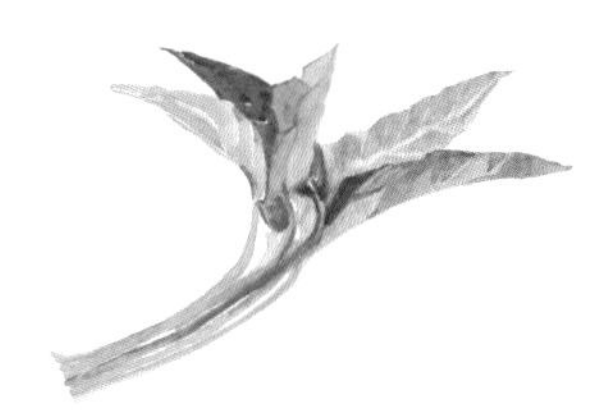

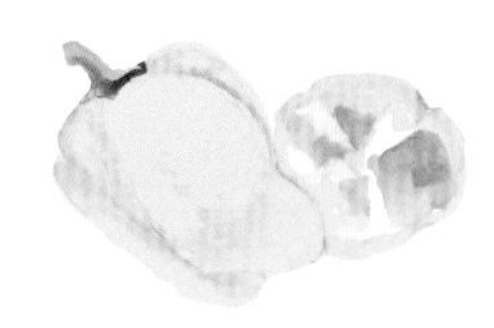

工具：

榨汁机

做法：

1. 全部食材洗净切小块；
2. 放入榨汁机内榨汁，实时享用。

温馨提示：

- 红薯叶可以用通菜（空心菜）代替。
- 红薯叶的食疗功效包括提高免疫力、护心、保护骨骼、缓解生理痛、抗癌、护脑、护齿、护眼、防治糖尿病、消炎、护肤、护发等。
- 黄甜椒的食疗功效包括抗氧化、护心、护眼等。

5.1.4 萝卜排毒昔

食材（1 杯分量）：

白萝卜（中）1/6 根、梨半个

工具：

搅拌机

做法：

1. 全部食材洗净去皮切小块；
2. 放入搅拌机加过滤水（可直接饮用的生水）液化即成。

温馨提示：

- 白萝卜的食疗功效包括增强免疫力、消炎、抗癌、帮助消化、通便排毒、降血压、抗衰老、美颜、瘦身等。
- 梨的食疗功效包括排毒通便，润肺清燥，止咳化痰，降血压，预防痛风、风湿病和关节炎，护肝养阴，促进血液循环，补钙，排毒，净化机体，软化血管等。

5.1.5　牛油果排毒昔

食材（1杯分量）：

苹果半个、牛油果半个

工具：

搅拌机

做法：

1. 全部食材洗净，去皮去核切小块；
2. 放入搅拌机加过滤水（可直接饮用的生水）液化即成。

温馨提示：

- 本饮品特别适合用于在实践一些身体排毒法（例如只喝蔬果汁，不吃其他食物）时补充体力。
- 牛油果的食疗功效包括降低胆固醇、降血压、防治糖尿病、保护消化系统、护眼、预防先天疾患、治关节炎、美容护肤、瘦身、改善虚冷症状等。
- 苹果的食疗功效包括调理肠胃、抗氧化、防衰老、美化皮肤、降低胆固醇、排肝毒、降低患慢性疾病的风险、预防白内障等。

5.1.6 胡萝卜排毒汁

食材（2 碗分量）：

胡萝卜 2 个、黄瓜 1 根、红甜椒 1 个、绿叶菜 1 把

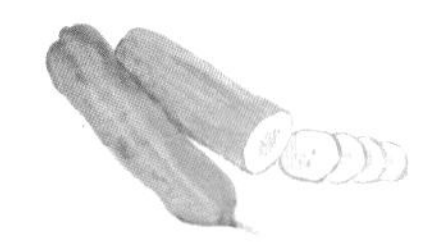

工具：

榨汁机

做法：

1. 胡萝卜、黄瓜、绿叶菜洗净切小块，红甜椒洗净去核切小块；
2. 用榨汁机榨汁，实时享用。

温馨提示：

- 胡萝卜的食疗功效包括保护视力、降血压、降糖、降脂、抗癌、抗衰老、通便、瘦身、抗过敏、美颜、促进婴幼儿生长、补血、增强性能力、清除体内重金属，还可以刺激胃肠的血液循环，改善消化系统，清除导致疾病、老化的自由基等。
- 黄瓜的食疗功效包括止头痛、排毒美容、美发美甲、护肤、护肝、护心、降血糖、降血压、降血脂、帮助消化、消除口臭、护眼、减轻关节疼痛、抗癌、抗衰老等。
- 红甜椒的食疗功效包括抗氧化、抗癌、护心、护肺、补血等。

5.2 净血

5.2.1 胡萝卜苹果汁

食材（2杯分量）：

胡萝卜1根、苹果1个、橙子半个、姜1小片

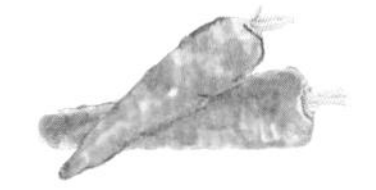

工具：

榨汁机

做法：

食材全部洗净后切小块，用榨汁机榨汁。

温馨提示：

- 胡萝卜的食疗功效包括保护视力、降血压、降糖、降脂、抗癌、抗衰老、通便、瘦身、抗过敏、美颜、促进婴幼儿生长、补血、增强性能力、清除体内重金属，还可以刺激胃肠的血液循环，改善消化系统，清除导致疾病、老化的自由基等。
- 苹果的食疗功效包括调理肠胃、抗氧化、防衰老、美化皮肤、降胆固醇、排肝毒、降低患慢性疾病的风险、预防白内障等。
- 橙子的食疗功效包括消食、预防“富贵病”、清理肠道、治疗咳嗽感冒、抗癌、预防胆结石、缓解压力等。
- 姜的食疗功效包括抗氧化、抗癌、促进食欲、抑制老年斑、预防胆结石、护心、解毒、防治肠胃炎、抑制皮肤真菌、活血、驱寒、排汗降温等。

5.2.2 净血绿蔬果昔

食材（2 杯分量）：

猕猴桃 1 个、苹果半个、西兰花（中）1 个、花菜 3 朵

工具：

搅拌机

做法：

1. 苹果、猕猴桃洗净去皮，西兰花和花菜洗净，全部切小块；
2. 放入搅拌机加过滤水（可直接饮用的生水）液化即成。

温馨提示：

- 苹果的食疗功效包括调理肠胃、抗氧化、防衰老、美化皮肤、降低胆固醇、排肝毒、降低患慢性疾病的风险、预防白内障等。
- 猕猴桃的食疗功效包括美容养颜、排毒清肠、预防抑郁症、增强免疫力、预防心血管病等。
- 西兰花的食疗功效包括解毒护肝、防癌、抗氧化、美颜、护眼、预防退化性关节炎、抑制幽门螺旋杆菌等。
- 花菜的食疗功效包括防癌抗癌、净血、护心、补脑、美颜、提高免疫力、瘦身、除水肿、通便等。

5.2.3　西瓜排毒水

食材（分量视瓶的大小而定）：

西瓜、薄荷叶、饮用水

做法：

1. 西瓜去皮，切成小块，薄荷叶洗净切小片；
2. 全部食材放进装有饮用水的水瓶，盖上盖子，放进冰箱，冷藏至少 8 小时即可。

温馨提示：

- 西瓜的食疗功效包括护肤、清热解暑、除烦止渴、治便秘、丰润美白肌肤、降血压、益肾、治疗黄疸等。
- 薄荷的食疗功效包括健脾保肝、健胃、护心、消炎、镇痛、驱蚊止痒、清热解暑、通气润喉、助眠、美颜、清新口气、兴奋大脑、缓解情绪等。

5.2.4 黄瓜排毒水

食材（分量视瓶的大小而定）：

黄瓜、薄荷叶、饮用水

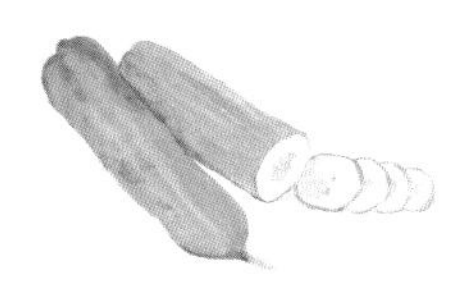

做法：

1. 黄瓜洗净去皮，切成小块，薄荷叶洗净切小片；
2. 全部食材放进装有饮用水的水瓶，盖上盖子，放进冰箱，冷藏至少 8 小时即可。

温馨提示：

- 黄瓜的食疗功效包括止头痛、排毒美容、美发美甲、护肤、护肝、护心、降血糖、降血压、降血脂、帮助消化、消除口臭、护眼、减轻关节疼痛、抗癌、抗衰老等。
- 薄荷的食疗功效包括健脾保肝、健胃、护心、消炎、镇痛、驱蚊止痒、清热解暑、通气润喉、助眠、美颜、清新口气、兴奋大脑、缓解情绪等。

5.2.5　菠萝排毒水

食材（分量视瓶的大小而定）：

菠萝、薄荷叶、饮用水

做法：

1. 菠萝去皮，切成小块，薄荷叶洗净切小片，全部食材放进装有饮用水的水瓶，盖上盖子；
2. 然后放进冰箱，冷藏至少 8 小时即可。

温馨提示：

- 菠萝的食疗功效包括抗氧化、提高免疫力、防寒、强健骨骼、护齿、护眼、抗炎、防治癌症、防治动脉粥样硬化、护心、助消化、防治炎症、控制血压、驱虫、止吐等。
- 薄荷的食疗功效包括健脾保肝、健胃、护心、消炎、镇痛、驱蚊止痒、解暑降温、通气润喉、助眠、美颜、清新口气、兴奋大脑、缓解情绪等。

5.2.6 消暑排毒汤

食材（1 杯分量）：

胡萝卜 1 根、芦笋 1 ～ 2 条、薄荷叶少许

工具：

搅拌机

做法：

1. 全部食材洗净切碎粒，放入搅拌机内，可酌量加过滤水（可直接饮用的生水）少许（亦可不加）；
2. 高速液化即成。

温馨提示：

- 胡萝卜的食疗功效包括保护视力、降血压、降糖、降脂、抗癌、抗衰老、通便、瘦身、抗过敏、美颜、促进婴幼儿生长、补血、增强性能力、清除体内重金属，还可以刺激胃肠的血液循环，改善消化系统，清除导致疾病、老化的自由基等。
- 芦笋的食疗功效包括防癌、帮助消化、保持骨骼健康、护心、护脑、预防新生儿缺陷、调节血糖、利尿、护眼、抗衰老等。
- 薄荷的食疗功效包括健脾保肝、健胃、护心、消炎、镇痛、驱蚊止痒、解暑降温、通气润喉、助眠、美颜、清新口气、兴奋大脑、缓解情绪等。

5.2.7　珊瑚姜汁枸杞羹

食材（4杯分量）：

珊瑚藻50克、柠檬1/2个、枸杞子1/2杯、姜适量、过滤水（可直接饮用的生水）1杯

工具：

搅拌机

做法：

1. 珊瑚藻充分浸泡后切小块；
2. 枸杞子用少许水浸软，备用；
3. 柠檬榨汁；
4. 先将过滤水、珊瑚藻和柠檬汁打成浆；
5. 再将其余食材加入珊瑚藻浆，用搅拌机高速液化，实时享用。

温馨提示：

- 泡发珊瑚藻方法：将珊瑚藻洗净，浸泡20个小时左右泡开（或用41℃温水泡数小时）；每种珊瑚藻硬度不一样，浸泡时间视需要而定；如果所用的搅拌机功率强大，无需浸泡那么长时间。
- 珊瑚藻有“海底燕窝”美誉。它的效用包括强化筋骨、清宿便、排毒、补血、促进肠道蠕动、提高免疫力、养颜、降胆固醇、降血压、治过敏症、治皮肤病、平喘、调经、壮阳壮腰等。

- 柠檬的食疗功效包括助消化、清理肠道、提高免疫力、瘦身、美肤、除口臭等。
- 枸杞子的食疗功效包括提高免疫力、活脑、降血脂、降血压、抗癌、护眼、抗疲劳、补血、抗衰老、美颜、壮阳、降血糖、护肝、缓解过敏性炎症、护肝、瘦身等。
- 姜的食疗功效包括抗氧化、抗癌、促进食欲、抗衰老、预防胆结石、护心、解毒、防治肠胃炎、护肤、活血、驱寒、排汗降温等。

我的蔬果汁/昔健康日记

5.2.8　大自然排毒姜汤

食材（1杯分量）：

姜1小片、胡萝卜1根、苹果1个、橙子1个

工具：

榨汁机

做法：

全部食材洗净切小块，用榨汁机榨汁，实时享用。

温馨提示：

- 姜的食疗功效包括抗氧化、抗癌、促进食欲、抗衰老、预防胆结石、护心、解毒、防治肠胃炎等。
- 胡萝卜的食疗功效包括保护视力、降血压、降糖、降脂、抗癌、抗衰老、通便、瘦身、抗过敏、美颜、促进婴幼儿生长、补血、增强性能力、清除体内重金属，还可以刺激胃肠的血液循环，改善消化系统，清除导致疾病、老化的自由基等。
- 苹果的食疗功效包括调理肠胃、抗氧化、防衰老、美化皮肤、降胆固醇、排肝毒、降低患慢性疾病的风险、预防白内障等。
- 橙子的食疗功效包括消食、预防“富贵病”、清理肠道、治疗感冒咳嗽、抗癌、预防胆结石、缓解压力等。

5.2.9 彩虹排毒鸡尾酒

食材（1 杯分量）：

橙子 1 个、红葡萄柚 1 个、柠檬 1/4 个、青柠半个

调味料：

椰子花蜜（最好不用）

工具：

榨汁机

做法：

食材全部洗净去核后，用榨汁机榨汁，实时享用。

温馨提示：

- 这是强效的排毒饮品，能一举清除累积在肠道和肝胆中的毒素，特别适合放假时在家中饮用。
- 如觉得实在太酸受不了，可以加入椰子花蜜。
- 橙子的食疗功效包括消食、预防“富贵病”、清理肠道、治疗咳嗽感冒、抗癌、防胆结石、缓解压力等。

- 红葡萄柚的食疗功效包括瘦身、美容养颜、护发、增强食欲、降胆固醇、减压、预防心脏病等。
- 柠檬的食疗功效包括助消化、清理肠道、提高免疫力、瘦身、美肤、除口臭等。
- 青柠的食疗功效包括抗炎杀菌、增强抵抗力、降血压、杀菌、促进消化等。

我的蔬果汁/昔健康日记

5.2.10 冬日排毒汤

食材（2 杯分量）：

茼蒿 300 克、香菜 150 克、西葫芦 2 个

调味料：

岩盐少许

工具：

榨汁机

做法：

1. 全部食材洗净切小段（块），放入榨汁机内榨汁；
2. 最后加入岩盐拌匀，实时享用。

温馨提示：

- 茼蒿的食疗功效包括降胆固醇、开胃通便、抗癌、清血养心、利小便、降血压、安神健脑、清肺化痰、美颜等。
- 香菜的食疗功效包括促进血液循环、健胃、治感冒、驱寒、发汗清热等。
- 西葫芦的食疗功效包括增强免疫力、通便、护肤、瘦身等。

5.2.11 排毒蔬果昔

食材（2 杯分量）：

松针粉 1 茶匙或松针 8 针、香蕉 2 根、绿叶菜（例如芥蓝、菠菜、红薯叶、空心菜、豆苗）分量随意、过滤水（可直接饮用的生水）适量

工具：

搅拌机

做法：

1. 香蕉去皮切小块，绿叶菜洗净切小段；
2. 全部食材切碎放入搅拌机内，加入过滤水高速液化，实时享用。

温馨提示：

- 松针的食疗功效包括改善失眠、心脏病、脑卒中、动脉粥样硬化、便秘、感冒、糖尿病、性功能减退、高脂血症、青春痘、肥胖、心肌梗死、哮喘、中风口斜、牙痛、口臭、噤声失语、阿尔茨海默病、反胃、晕车船、急性胃炎、过敏性鼻炎、肩周炎、风湿关节痛、颈椎病、下痢、夜盲症、慢性气管炎、体虚，还可抗辐射、葆青春、提高免疫力、祛脂、降血压、解宿醉、软化血管等。
- 香蕉的食疗功效包括减压、舒缓身心、止抑郁、提神、止痛、通便、治胃溃疡、护眼、降血压、预防中风、解宿醉、护脑、补血、帮助戒烟等。

第 6 章

喝出开心

6.1　解郁舒肝

6.1.1　滋肾益精山药昔

食材（4 杯分量）：

新鲜紫山药（或白山药）20 克、香蕉 2 ～ 3 根、椰枣 4 ～ 5 粒、过滤水（可直接饮用的生水）1 杯

 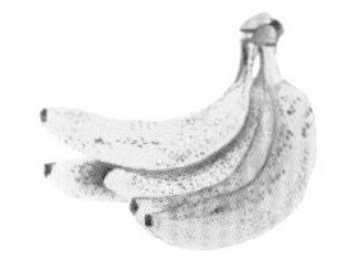 

工具：

搅拌机

做法：

1. 紫山药洗净去皮切小块，香蕉去皮切小块，椰枣去核；
2. 将所有食材放入搅拌机，高速搅拌液化，实时享用。

温馨提示：

- 宜先戴手套再刨山药皮，以免双手皮肤过敏，引起瘙痒。
- 山药容易氧化变色，此饮品宜即打即饮。
- 可以用苹果代替香蕉。
- 可依个人喜好加减过滤水分量，调出个人喜爱的稀稠度。
- 紫山药的食疗功效包括护心、健脾益胃、助消化、滋肾益精、益肺止咳、降血糖等。
- 香蕉的食疗功效包括减压、舒缓身心、止抑郁、提神、止痛、通便、防治胃溃疡、护眼、降血压、防中风、解宿醉、护脑、补血、帮助戒烟等。
- 椰枣的食疗功效包括护心、提升活力、满足甜瘾、调节激素、助产、通便、提升性功能、瘦身、防治肝病、护眼、加速伤口复原、强健骨骼和牙齿等。

6.1.2 轻松减压青汁

食材（4 杯分量）：

甜瓜半个、黄瓜（中）1根、柠檬半个

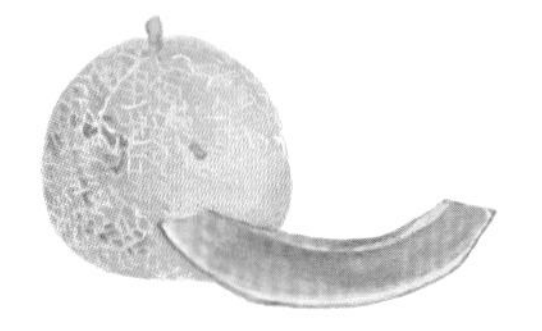
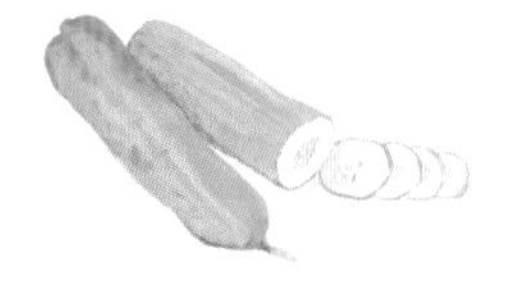

工具：

榨汁机

做法：

1. 甜瓜去皮去核切小块，黄瓜、柠檬洗净切小块；
2. 全部食材放入榨汁机内榨汁，实时享用。

温馨提示：

- 甜瓜的食疗功效包括增强免疫力、护心、护肾、护肝、护眼、清热解暑、补血、催吐、提神、调节神经等。
- 黄瓜的食疗功效包括止头痛、排毒美容、美发美甲、护肤、护肝、护心、降血糖、降血压、降血脂、帮助消化、消除口臭、护眼、减轻关节疼痛、抗癌、抗衰老等。
- 柠檬的食疗功效包括助消化、清理肠道、提高免疫力、瘦身、美肤、除口臭等。

6.1.3 开心青椒菠萝昔

食材（2杯分量）：

青椒1个、菠萝1/4个、猕猴桃1个、过滤水（可直接饮用的生水）适量

工具：

搅拌机

做法：

1. 青椒洗净切碎粒，菠萝和猕猴桃去皮切碎粒；
2. 全部食材放入搅拌机内，加入过滤水；高速液化。

温馨提示：

- 青椒的食疗功效包括促进血液循环、预防胆结石、护心、健胃助消化等。
- 菠萝的食疗功效包括抗氧化、提高免疫力、防寒、强健骨骼、护齿、护眼、防治癌症、防治动脉粥样硬化、护心、助消化、消炎、控制血压、驱虫、止吐等。
- 猕猴桃的食疗功效包括美颜、排毒清肠、预防抑郁症、增强免疫力、预防心血管病等。

6.1.4　开心解愁汁

食材（1 杯分量）：

西芹 3 根、甜菜根（小）半个、橙子半个

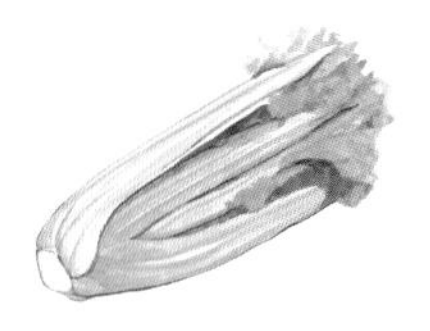

工具：

榨汁机

做法：

1. 所有食材洗净，橙子去皮；
2. 全部切小块，用榨汁机榨汁。

温馨提示：

- 西芹的食疗功效包括抗癌、补血、助消化、美颜、促进骨骼发育、瘦身、降血压、降胆固醇等。
- 甜菜根的食疗功效包括抑制肿瘤生长、降血压、益脑、提升体力、补血养颜、清肠胃等。
- 橙子的食疗功效包括消食、预防“富贵病”、清理肠道、治疗感冒咳嗽、抗癌、预防胆结石、缓解压力等。

6.1.5 静心果汁

食材：

木瓜、菠萝（比例 2：1）

调味料：

柠檬汁少许

工具：

搅拌机

做法：

1. 木瓜、菠萝去皮取肉；
2. 将所有食材及调味料放入搅拌机，加适量过滤水（可直接饮用的生水）高速搅拌液化，实时享用。

温馨提示：

- 木瓜和菠萝都含有大量酵素，又富含维生素A、维生素C和膳食纤维，食用后可令我们心情放松，减少担心焦躁。

- 也可以加少量香蕉，更美味。
- 木瓜的食疗功效包括预防感冒、健脾消食、提高免疫力、瘦身、美容、抗癌、抗痉挛、抗疫杀虫等。
- 菠萝的食疗功效包括抗氧化、提高免疫力、防寒、强健骨骼、护齿、护眼、消炎、防治癌症、防治动脉粥样硬化、护心、助消化、控制血压、驱虫、止吐等。

我的蔬果汁/昔健康日记

6.1.6 玫瑰开心果奶

食材（4 杯分量）：

开心果 50 克、玫瑰花瓣 5 克、洛神花瓣数片、过滤水（可直接饮用的生水）1 杯

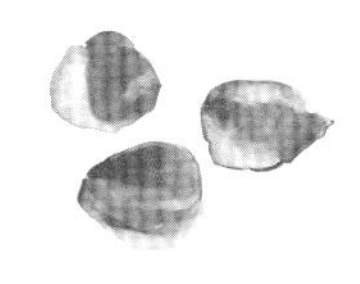

调味料：

椰子花蜜（随意）

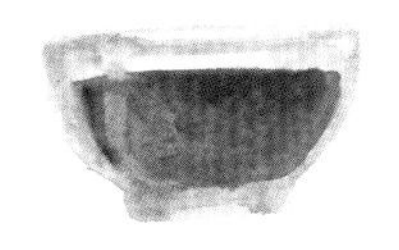

工具：

搅拌机

做法：

1. 开心果去壳，玫瑰花瓣、洛神花瓣洗净；
2. 将所有食材及调味料放入搅拌机，高速搅拌液化，实时享用。

温馨提示：

- 玫瑰花瓣可以 2 滴食用玫瑰精油代替。

- 凡食用花朵都可能含虫卵及农药，需要认真清洗一下再吃。
- 如不嗜甜，可不加椰子花蜜。
- 可依个人喜好加减过滤水分量，调出个人喜爱的稀稠度。
- 开心果的食疗功效包括增强免疫力、护心、降血糖、护眼、通便、护肤、抗衰老、抗氧化、瘦身、助胎儿发育等。
- 玫瑰花的食疗功效包括缓和情绪、美颜、防治妇科病、和血调经、止痛等。
- 洛神花的食疗功效包括降血压、补血、消除疲劳、开胃、排毒利尿、美颜、瘦身、驱虫等。

我的蔬果汁/昔健康日记

6.1.7 蓝色激情果昔

食材（2 碗分量）：

蓝莓 1 大把、甜瓜 1/4 个、芒果 1 个、百香果 2 ～ 3 个

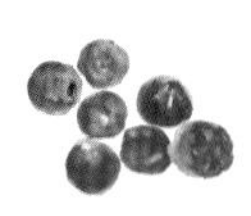 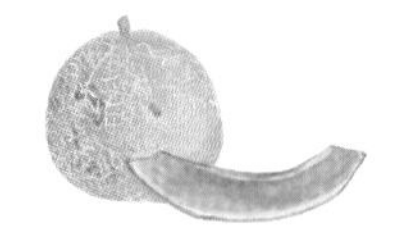  

工具：

搅拌机

做法：

1. 蓝莓洗净，甜瓜、芒果取肉，百香果切开取出籽及汁液；
2. 全部放进搅拌机，加入适量过滤水（可直接饮用的生水）高速液化，实时享用。

温馨提示：

- 蓝莓的食疗功效包括延缓老化、防癌、护脑、护心、预防泌尿道感染、消炎等。
- 甜瓜的食疗功效包括增强免疫力、护心、护肾、护肝、护眼、清热解暑、补血、催吐、提神、调节神经系统等。
- 芒果的食疗功效包括通便、美容、杀菌、止吐、抗癌、防治各种慢性病等。
- 百香果的食疗功效包括消炎、排毒养颜、瘦身、助眠、止渴润喉、抗癌、降低胆固醇、降血压、促进代谢、排毒、通便、增强免疫力等。

6.2　减压

6.2.1　松弛自在胡萝卜汤

食材（2碗分量）：

胡萝卜2根、西芹1根、黄瓜半根、花菜碎1杯

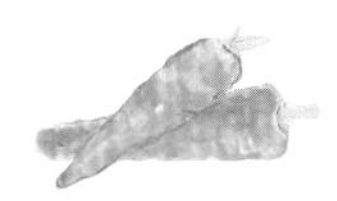
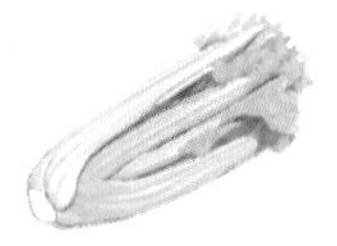

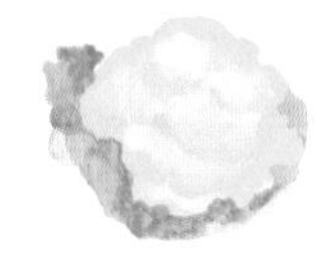

工具：

搅拌机

做法：

1. 全部食材洗净切碎粒放入搅拌机内；
2. 加入适量过滤水（可直接饮用的生水），高速液化，实时享用。

温馨提示：

- 胡萝卜的食疗功效包括保护视力、降血压、降糖、降脂、抗癌、抗衰老、通便、瘦身、抗过敏、美颜、促进婴幼儿生长、补血、增强性能力、清除体内重金属，还可以刺激胃肠的血液循环，改善消化系统，清除导致疾病、老化的自由基等。
- 西芹的食疗功效包括抗癌、补血、助消化、美颜、促进骨骼发育、瘦身、降血压、降胆固醇等。

- 黄瓜的食疗功效包括止头痛、排毒美容、美发美甲、护肤、护肝、护心、降血糖、降血压、降血脂、帮助消化、消除口臭、护眼、减轻关节疼痛、抗癌、抗衰老等。
- 花菜的食疗功效包括提高免疫力、抗癌、护肝、护心、消炎、补脑、排毒、助消化、抗氧化、活血、加速伤口复原等。

我的蔬果汁/昔健康日记

6.2.2　忘忧巧克力奶

食材（4 杯分量）：

粉蕉 1 根、椰枣 4 粒、奇亚籽 2 汤匙、肉桂粉 1/2 茶匙、可可粉 1 汤匙、过滤水（可直接饮用的生水）1/2 杯

调味料：

盐适量

工具：

搅拌机

做法：

1. 奇亚籽用半杯水浸泡半小时以上；
2. 粉蕉去皮切小块，椰枣去核切粒；
3. 将所有食材放入搅拌机，高速搅拌液化，实时享用。

温馨提示：

- 用各种蕉都可以，但是采用奶蕉、粉蕉做这个菜式似乎效果特别好。
- 奇亚籽最好先用水浸泡半小时至 1 天，浸泡时间越长，营养释出越多，更容易被身体吸收。

- 香蕉的食疗功效包括减压、舒缓身心、止抑郁、提神、止痛、通便、治胃溃疡、护眼、降血压、预防中风、解宿醉、护脑、补血、帮助戒烟等。
- 椰枣的食疗功效包括护心、提升活力、满足甜瘾、调节激素、助产、通便、提升性功能、瘦身、预防肝病、护眼、加速伤口复原、强壮骨骼牙齿等。
- 肉桂的食疗功效包括提高免疫力、防治糖尿病、改善肠道生态、促进胃肠蠕动、帮助消化、抑制细菌。
- 奇亚籽的食疗功效包括提升活力、瘦身、通便清肠排毒、防治糖尿病、加速伤口愈合。
- 可可粉的食疗功效包括护心、瘦身、提升活力、护肤、护脑、降血压、减压等。

我的蔬果汁/昔健康日记

6.2.3 开心解愁汁

食材（2 杯分量）：

菠菜 300 克、西兰花 1/2 个、西芹 3 根、胡萝卜 2 根

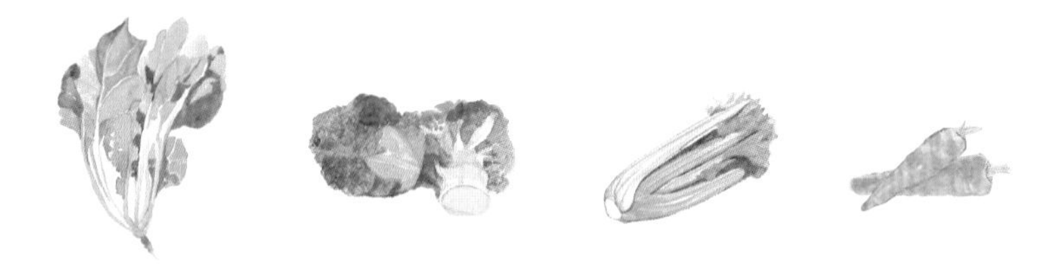

工具：

榨汁机

做法：

1. 菠菜、西兰花、西芹洗净切小块，胡萝卜洗净去皮切小块；
2. 全部食材放入榨汁机内榨汁，实时享用。

温馨提示：

- 菠菜的食疗功效包括增强免疫力、护心、抗氧化、促进新陈代谢、补血、通便、稳定血糖、抗衰老等。
- 西兰花的食疗功效包括提高免疫力、抗癌、解毒护肝、美颜、保护血管、护眼、护肺等。
- 西芹的食疗功效包括抗癌、补血、助消化、美颜、促进骨骼发育、瘦身、降血压、降胆固醇等。
- 胡萝卜的食疗功效包括保护视力、降血压、降糖、降脂、抗癌、抗衰老、通便、瘦身、抗过敏、美颜、促进婴幼儿生长、补血、增强性能力、清除体内重金属，还可以刺激胃肠的血液循环，改善消化系统，清除导致疾病、老化的自由基等。

6.2.4 安心苦瓜汤

食材（2 碗分量）：

苦瓜 1 个、香蕉 2 ～ 3 根

工具：

搅拌机

做法：

1. 苦瓜洗净去核切小块，香蕉去皮切小块；
2. 将所有食材放入搅拌机高速液化，实时享用。

温馨提示：

- 苦瓜的食疗功效包括护心、抗癌、降血糖、降血脂、瘦身、美颜、开胃、抗炎、利尿、活血、清心明目等。
- 香蕉的食疗功效包括减压、舒缓身心、止抑郁、提神、止痛、通便、治胃溃疡、护眼、降血压、预防中风、解宿醉、护脑、补血、帮助戒烟等。

6.2.5　去心烦安睡汤

食材（2碗分量）：

新鲜桂圆（或桂圆干）、红枣、枸杞（也可以不用）

工具：

搅拌机

做法：

1. 新鲜桂圆、红枣去核起肉；
2. 将所有食材放入搅拌机高速液化，实时享用。

温馨提示：

- 心烦意乱、精神难集中时，这个汤最有用，最能缓解焦虑不安，帮助加速入睡。
- 非常适合做晚间就寝前的宵夜。
- 桂圆的食疗功效包括补血、安神定志、养血安胎、降脂、护心、抗衰老等。
- 红枣的食疗功效包括预防胆结石、健脾益胃、补气养血、安神、抗癌、缓和药性等。

- 枸杞的食疗功效包括提高免疫力、活脑、降血脂、降血压、抗癌、护眼、抗疲劳、补血、抗衰老、美颜、壮阳、降血糖、护肝、缓解过敏性炎症、瘦身等。

我的蔬果汁/营健康日记

6.2.6　安神桑葚昔

食材（2碗分量）：

桑葚、香蕉或新鲜桂圆（桂圆干亦可）各适量

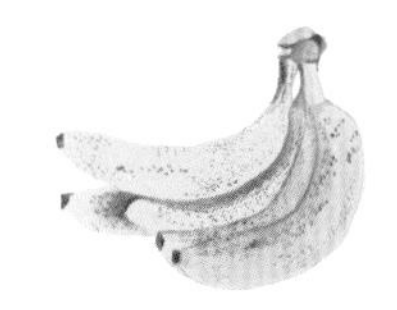

工具：

搅拌机

做法：

1. 桑葚洗净去蒂，香蕉去皮切小块；
2. 将所有食材放入搅拌机，加适量过滤水（可直接饮用的生水）高速液化，实时享用。

温馨提示：

- 桑葚汁可以单一制作（即桑葚汁），但味道偏酸，加了甜味更受欢迎。
- 桑葚的食疗功效包括提高免疫力、减少烦躁失眠、预防血管硬化、防治须发早白、明目、祛风湿、降血脂、补血养血、健脑、助消化等。
- 香蕉的食疗功效包括减压、舒缓身心、止抑郁、提神、止痛、通便、治胃溃疡、护眼、降血压、预防中风、解宿醉、护脑、补血、帮助戒烟等。
- 桂圆的食疗功效包括补血、安神定志、养血安胎、降脂护心、抗衰老等。

6.3 放松肌肉

6.3.1 自然松弛汤

食材（4 杯分量）：

胡萝卜 2 根、西芹 1 根、黄瓜 1/2 条、花菜 1/2 个、过滤水（可直接饮用的生水）1/2 杯

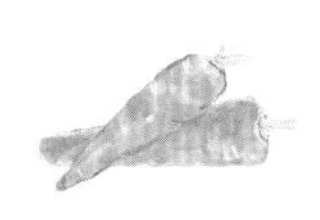
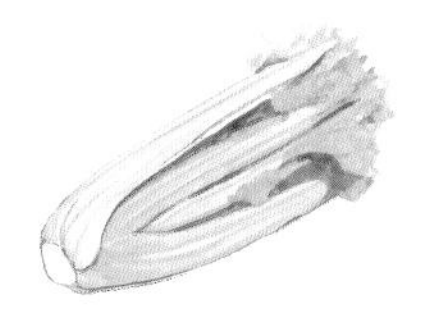

工具：

搅拌机

做法：

1. 胡萝卜去皮切小块，西芹切段，黄瓜切小块，花菜去粗茎留花；
2. 将所有食材放入搅拌机高速搅拌液化，实时享用。

温馨提示：

- 可依个人喜好加减过滤水分量，调出个人喜爱的稀稠度。
- 胡萝卜的食疗功效包括保护视力、降血压、降糖、降脂、抗癌、抗衰老、通便、瘦身、抗过敏、美颜、促进婴幼儿生长、补血、增强性能力、清除体内重金属，还可以刺激胃肠的血液循环，改善消化系统，清除导致疾病、老化的自由基等。

- 黄瓜的食疗功效包括止头痛、排毒美容、美发美甲、护肤、护肝、护心、降血糖、降血压、降血脂、帮助消化、消除口臭、护眼、减轻关节疼痛、抗癌、抗衰老等。
- 西芹的食疗功效包括抗癌、补血、助消化、美颜、促进骨骼发育、瘦身、降血压、降胆固醇等。
- 花菜的食疗功效包括提高免疫力、抗癌、护肝、护心、消炎、补脑、排毒、助消化、抗氧化、活血、加速伤口复原等。

我的蔬果汁/昔健康日记

第7章

喝出活力

7.1 提神

7.1.1 醒神果昔

食材（3 杯分量）：

菠菜分量随意、香蕉 2 根、梨 1 个、猕猴桃 1 个

工具：

搅拌机

做法：

1. 菠菜洗净切小段，香蕉、梨、猕猴桃去皮切小块；
2. 全部放入搅拌机内，加入适量过滤水（可直接饮用的生水）高速液化。

温馨提示：

- 菠菜的食疗功效包括增强免疫力、护心、抗氧化、促进新陈代谢、补血、通便、稳定血糖、抗衰老等。
- 香蕉的食疗功效包括减压、舒缓身心、止抑郁、提神、止痛、通便、治胃溃疡、护眼、降血压、预防中风、解宿醉、护脑、补血、戒烟等。
- 梨的食疗功效包括排毒通便，润肺清燥，止咳化痰，降血压，预防痛风、风湿病和关节炎，护肝，促进血液循环，补钙，排毒，净化机体，软化血管等。
- 猕猴桃的食疗功效包括美颜、排毒清肠、预防抑郁症、增强免疫力、预防心血管病等。

我的蔬果汁/营健康日记

7.1.2 激活茄汁

食材（3杯分量）：

西红柿2个、甜椒1个、指天椒少许

调味料：

盐少许或苹果醋随意

工具：

搅拌机

做法：

1. 西红柿、甜椒、指天椒洗净切小块；
2. 将全部食材连同调味料放入搅拌机，加适量过滤水（可直接饮用的生水）高速液化即成。

温馨提示：

- 西红柿的食疗功效包括抗癌、提高免疫力、护心、保护前列腺、增强性能力等。
- 甜椒的食疗功效包括抗氧化、抗癌、护心、护肺、补血等。
- 指天椒的食疗功效包括预防胆结石、护心、健胃助消化等。

7.1.3 田园青汁

食材（2 杯分量）：

黄瓜 1 根、西芹 2 根、豆芽半杯

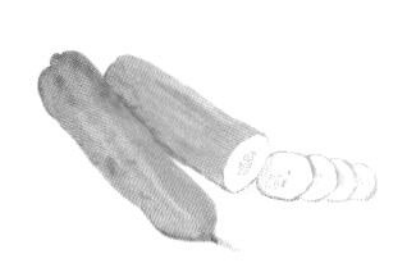
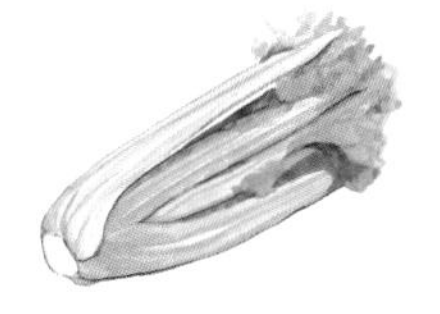

工具：

搅拌机

做法：

1. 黄瓜、西芹洗净切小块；
2. 全部食材放入搅拌机，加适量过滤水（可直接饮用的生水）液化即成。

温馨提示：

- 黄瓜的食疗功效包括止头痛、排毒美容、美发美甲、护肤、护肝、护心、降血糖、降血压、降血脂、帮助消化、消除口臭、护眼、减轻关节疼痛、抗癌、抗衰老等。
- 西芹的食疗功效包括抗癌、补血、助消化、美颜、促进骨骼发育、瘦身、降血压、降胆固醇等。
- 豆芽的食疗功效包括提高免疫力、降血压、降血脂、抗癌、护心、清热解暑、减压、消炎、通便、美颜、瘦身等。

7.1.4　清晨爽利饮

食材（2杯分量）：

萝卜分量随意、梨1个、螺旋藻粉适量、过滤水（可直接饮用的生水）适量

工具：

搅拌机

做法：

1. 萝卜洗净切小块，梨洗净去皮去核切小块；
2. 全部食材放入搅拌机内，加过滤水高速液化即成。

温馨提示：

- 萝卜的食疗功效包括增强免疫力、消炎、抗癌、帮助消化、通便排毒、降血压、抗衰老、美颜、瘦身等。
- 梨的食疗功效包括排毒通便，润肺清燥，止咳化痰，降血压，预防痛风、风湿病和关节炎，护肝，促进血液循环，补钙，排毒，净化机体，软化血管等。
- 螺旋藻的食疗功效包括排毒、护肤、葆青春、瘦身、加速各种疾病的康复、防治缺铁性贫血等，特别适合高龄人士食用。

7.1.5 超能量大补汁

食材：

甜菜根、胡萝卜（比例为1∶3）

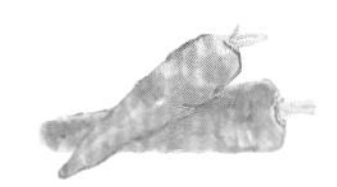

工具：

榨汁机

做法：

1. 甜菜根、胡萝卜洗净切小块；
2. 混合榨汁，实时享用。

温馨提示：

- 这是非常强效的能量补充剂，既能提升身心活力，又排毒补血，特别适合工作时补充体力脑力。
- 多喝无妨，但是很可能出现：①大小便变成红色，这是因为受甜菜根中色素的影响，完全正常；②手掌变黄，这是排毒现象，无需理会。
- 甜菜根的食疗功效包括抑制肿瘤生长、降血压、益脑、提升体力、补血养颜、清肠胃等。
- 胡萝卜的食疗功效包括保护视力、降血压、降糖、降脂、抗癌、抗衰老、通便、瘦身、抗过敏、美颜、促进婴幼儿生长、补血、增强性能力、清除体内重金属，还可以刺激胃肠的血液循环，改善消化系统，清除导致疾病、老化的自由基等。

7.1.6　健脾益胃山药昔

食材（2 杯分量）：

山药（中）1 根、红甜椒或黄甜椒 1/6 个

调味料：

椰子花蜜（或椰子花糖、椰枣、桂圆干），分量随意

工具：

搅拌机

做法：

1. 山药洗净去皮切小块，甜椒洗净去核切小块；
2. 全部放入搅拌机，加适量过滤水（可直接饮用的生水）高速液化即成。

温馨提示：

- 山药的食疗功效包括护心、健脾益胃助消化、滋肾益精、益肺止咳、降血糖、提高免疫力、补血、抗衰老、补脑，补肾、助眠、抗抑郁、增进活力、开胃等。
- 甜椒的食疗功效包括抗氧化、抗癌、护心、护肺、补血等。

7.1.7 极品营养奶昔

食材：

熟榴莲肉、熟香蕉（比例随意）

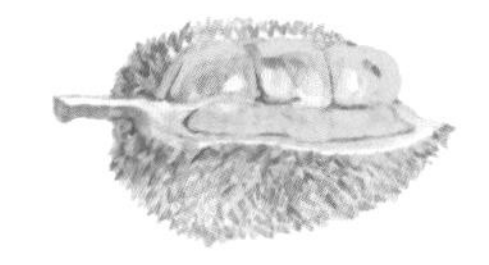

工具：

搅拌机

做法：

1. 榴莲、香蕉取肉切小块；
2. 全部放入搅拌机，加适量过滤水（可直接饮用的生水）高速液化即成。

温馨提示：

- 这款饮品为身体提供大量的能量和营养，非常适合病中或康复后虚弱进补，或妇女分娩后食用。
- 两种水果的比例视个人口味而定。
- 湿热体质者多喝可能“上火”，宜量力而为。
- 榴莲的食疗功效包括滋阴、增强免疫力、降血压、抗癌、治疗痛经、开胃、通便、强化骨骼、补血、提升性能力、护心、抗衰老、助眠等。
- 香蕉的食疗功效包括减压、舒缓身心、止抑郁、提神、止痛、通便、治胃溃疡、护眼、降血压、预防中风、解宿醉、护脑、补血、帮助戒烟等。

7.2 提升活力

7.2.1 螺旋藻精力汤

食材（2杯分量）：

螺旋藻粉1茶匙、啤酒酵母（或小麦胚芽粉）1～2茶匙、柠檬1/4个、苹果2个、菠萝半个（或猕猴桃3个）

工具：

搅拌机

做法：

1. 苹果、菠萝、柠檬洗净去皮切小块；
2. 全部食材放入搅拌机内，加入适量过滤水（可直接饮用的生水）高速液化即成。

温馨提示：

- 螺旋藻的食疗功效包括排毒、护肤、葆青春、瘦身、加速治疗各种疾病、防治缺铁性贫血等，特别适合老年人食用。
- 啤酒酵母的食疗功效包括美容、防治糖尿病、抗癌、抗衰老、护肝等。

- 苹果的食疗功效包括调理肠胃、抗氧化、防衰老、美化皮肤、降低胆固醇、排肝毒、降低患慢性疾病的风险、预防白内障等。
- 菠萝的食疗功效包括抗氧化、提高免疫力、防寒、强健骨骼、护齿、护眼、抗炎、防治癌症、防治动脉粥样硬化、护心、助消化、消炎、控制血压、驱虫、止吐等。
- 柠檬的食疗功效包括助消化、清理肠道、提高免疫力、瘦身、美肤、除口臭等。

我的蔬果汁/昔健康日记

7.2.2 激活果昔

食材（2 杯分量）：

火麻仁分量随意、香蕉 2 根、可可粉 1 ～ 2 茶匙

工具：

搅拌机

做法：

1. 香蕉去皮切小块；
2. 全部食材放入搅拌机内，加入适量过滤水（可直接饮用的生水）高速液化即成。

温馨提示：

- 火麻仁的食疗功效包括提高免疫力、抗癌、护心、消炎、加速伤口康复、改善血液循环、益脑、抗衰老、通便、瘦身、美颜、益发等。
- 香蕉的食疗功效包括减压、舒缓身心、止抑郁、提神、止痛、通便、治胃溃疡、护眼、降血压、预防中风、解宿醉、护脑、补血、帮助戒烟等。
- 可可粉的食疗功效包括护心、瘦身、提升活力、护肤、护脑、降血压、减压等。

7.2.3 降脂抗癌胡萝卜浓汤

食材（2 杯分量）：

胡萝卜1根、西芹2根、黄瓜1根、甜菜根半个、柠檬半个

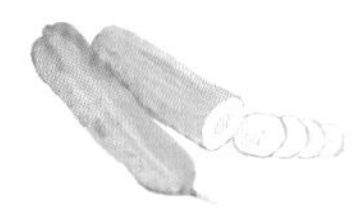

工具：

搅拌机

做法：

1. 西芹、黄瓜、甜菜根、胡萝卜、柠檬洗净切小块；
2. 全部食材放入搅拌机内，加入适量过滤水（可直接饮用的生水）高速液化即成。

温馨提示：

- 西芹的食疗功效包括抗癌、补血、助消化、美颜、促进骨骼发育、瘦身、降血压、降胆固醇等。
- 胡萝卜的食疗功效包括保护视力、降血压、降血糖、降血脂、抗癌、抗衰老、通便、瘦身、抗过敏、美颜、促进婴幼儿生长、补血、增强性能力、清除体内重金属，还可以刺激胃肠的血液循环，改善消化系统，清除导致疾病、老化的自由基等。
- 甜菜根的食疗功效包括抑制肿瘤生长、降血压、益脑、提升体力、补血养颜、清理肠胃等。

- 黄瓜的食疗功效包括止头痛、排毒美容、美发美甲、护肤、护肝、护心、降血糖、降血压、降血脂、帮助消化、消除口臭、护眼、减轻关节疼痛、抗癌、抗衰老等。
- 柠檬的食疗功效包括助消化、清理肠道、提高免疫力、瘦身、美肤、除口臭等。

我的蔬果汁/昔健康日记

7.2.4 香浓健胃苹果汤

食材（2杯分量）：

苹果3～4个，香蕉1根，杏仁酱/芝麻酱1/2～1茶匙

工具：

搅拌机

做法：

1. 苹果洗净去皮切小块，香蕉去皮切小块；
2. 全部食材放入搅拌机内，加入适量过滤水（可直接饮用的生水）高速液化即成。

温馨提示：

- 找到有机苹果，连皮享用，营养更好。
- 苹果的食疗功效包括调理肠胃、抗氧化、防衰老、美容养颜、降胆固醇、排肝毒、降低患慢性疾病的风险、预防白内障等。
- 香蕉的食疗功效包括减压、舒缓身心、止抑郁、提神、止痛、通便、治胃溃疡、护眼、降血压、预防中风、解宿醉、护脑、补血、帮助戒烟等。
- 杏仁的食疗功效包括护眼、防治咳嗽气喘、滋润肺部、助消化、降胆固醇、护肤、益寿、抗癌、瘦身、预防慢性病等。

7.2.5 活力逼人蔬果汁

食材：

苹果 2 个、猕猴桃 2 个、梨 1 ～ 2 个，西芹 1 ～ 2 根或紫背天葵少许

   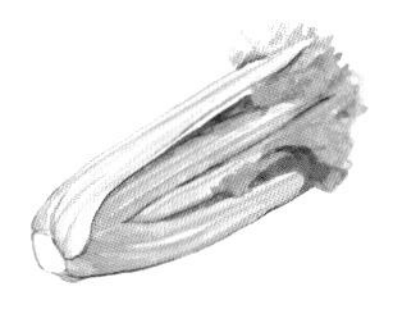

工具：

榨汁机

做法：

1. 苹果、猕猴桃、梨去皮，西芹洗净，全部切小块；
2. 混合榨汁，实时享用。

温馨提示：

- 苹果的食疗功效包括调理肠胃、抗氧化、防衰老、美化皮肤、降胆固醇、排肝毒、降低患慢性疾病的风险、预防白内障等。
- 猕猴桃的食疗功效包括美容养颜、排毒清肠、预防抑郁症、增强免疫力、预防心血管病等。
- 梨的食疗功效包括排毒通便，润肺清燥，止咳化痰，降血压，预防痛风、风湿病和关节炎，护肝，促进血液循环，补钙，排毒，净化机体，软化血管等。

- 西芹的食疗功效包括抗癌、补血、助消化、美颜、促进骨骼发育、瘦身、降血压、降胆固醇等。
- 紫背天葵的食疗功效包括增强免疫力，抗癌，清热解毒，止血补血，治疗咳血、血崩、痛经、支气管炎、盆腔炎及缺铁性贫血，抗病毒，消肿毒，补血，护心，化痰止咳，清热凉血，抗衰老，治妇科病，美颜等。

我的蔬果汁/昔健康日记

7.2.6 滋润山楂枸杞茶

食材：

山楂（新鲜或干的）、枸杞子（比例及数量随意）

工具：

搅拌机

做法：

1. 全部食材洗净，山楂去核；
2. 放入搅拌机加过滤水（可直接饮用的生水）液化即成。

温馨提示：

- 也可以选干山楂，加枸杞子用过滤水浸泡 1 ~ 6 小时，随时饮用。最好放在阳光下晒，增加能量、更好出味。天冷的日子想喝点暖的饮品，可以先泡水，在饮用时稍稍煮热到微温，或加点热水再喝。
- 这款茶结合了山楂消食健胃、行气散瘀，枸杞子滋补肝肾、和血润燥的补益，可以说是全能的滋补茶，男女皆宜，特别适合消化不良、血气迟滞、血压和血脂高者经常饮用。
- 山楂的食疗功效包括强心、降血脂、降血压、治疗痛经、调月经、开胃、治腹泻、抗衰老、抗癌、美颜等。
- 枸杞子的食疗功效包括提高免疫力、活脑、降血脂、降血压、抗癌、护眼、抗疲劳、补血、抗衰老、美颜、壮阳、降血糖、护肝、缓解过敏性炎症、瘦身等。

第8章

喝出精壮

8.1 补脑

8.1.1 益脑强身蔬果汁

食材（2 杯分量）：

西芹 2 根、胡萝卜 1 根、菠菜 2 杯、青柠 1 个

工具：

搅拌机

做法：

所有食材全部洗净切小块（段）后，用榨汁机榨汁。

温馨提示：

- 西芹的食疗功效包括抗癌、补血、助消化、美颜、促进骨骼发育、瘦身、降血压、降胆固醇等。
- 菠菜的食疗功效包括增强免疫力、护心、抗氧化、促进新陈代谢、补血、通便、稳定血糖、抗衰老等。
- 胡萝卜的食疗功效包括保护视力、降血压、降血糖、降血脂、抗癌、抗衰老、通便、瘦身、抗过敏、美颜、促进婴幼儿生长、补血、增强性能力、清除体内重金属，还可以刺激胃肠的血液循环，改善消化系统，清除导致疾病、老化的自由基等。
- 青柠的食疗功效包括抗炎杀菌、增强抵抗力、降血压、促进消化等。

我的蔬果汁/昔健康日记

8.1.2　益脑果昔

食材（2 杯分量）：

胡萝卜半根、甜菜根 1/4 个、紫甘蓝少许、牛蒡少许、腰果分量随意

  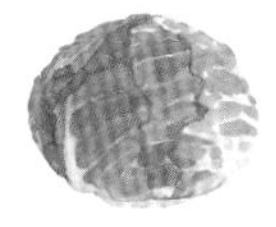  

调味料：

去核的椰枣/椰子花蜜（分量随意）

工具：

搅拌机

做法：

1. 胡萝卜、紫甘蓝洗净切小块，甜菜根、牛蒡洗净去皮切小块；
2. 腰果最好先催芽；
3. 全部食材切碎粒放入搅拌机内，加入适量过滤水（可直接饮用的生水）高速液化即成。

温馨提示：

- 凡是食生的（未经高温、化学处理的）坚果最好先催芽再吃，这样不但将其中所含的天然抑制剂溶掉排走，还令味道更美，营养大幅度增加。方法是用过滤水泡若干小时（浸泡时间因坚果种类不同而有所不同），然后把水倒掉，将坚果放在阴凉地方保存一会儿。腰果一般浸泡 2 ～ 4 小时便可达到效果。

- 胡萝卜的食疗功效包括保护视力、降血压、降血糖、降血脂、抗癌、抗衰老、通便、瘦身、抗过敏、美颜、促进婴幼儿生长、补血、增强性能力、清除体内重金属，还可以刺激胃肠的血液循环，改善消化系统，清除导致疾病、老化的自由基等。
- 甜菜根的食疗功效包括抑制肿瘤生长、降血压、益脑、增强体力、补血养颜、清肠胃等。
- 紫甘蓝的食疗功效包括增强免疫力、防感冒、补血、抗衰老、护肤、瘦身、美颜等。
- 牛蒡的食疗功效包括健脑、抗癌、提升细胞活力、加速脂肪分解、增强体力、美容养颜、降血压、护肾、抗菌等。
- 腰果的食疗功效包括提高免疫力、促进新陈代谢、补充体力、消除疲劳、抗衰老、美颜、瘦身、护心、强化骨骼、利尿消肿、通便、增加乳汁分泌等。

我的蔬果汁/昔健康日记

8.1.3　补脑珊瑚甜羹

食材（2 杯分量）：

珊瑚藻分量随意、桂圆干 1 茶匙、红枣 4 ～ 6 粒、枸杞子少许

调味料：

椰子花蜜（分量随意）

工具：

搅拌机

做法：

1. 珊瑚藻充分浸泡；
2. 桂圆干、枸杞子洗净，红枣洗净去核；
3. 全部食材切碎粒放入搅拌机内，加入适量过滤水（可直接饮用的生水）高速液化即成。

温馨提示：

- 泡发珊瑚藻方法：将珊瑚藻洗净，浸泡 20 小时左右（或用 41℃温水泡约数小时）；每种珊瑚藻硬度不一样，浸泡时间视需要而定；如果所用的搅拌机功率强大，无需浸泡那么长时间。

- 珊瑚藻的效用包括强化筋骨、清宿便、排毒、补血、活化肠道、提高免疫力、养颜、降低胆固醇、降血压、治过敏症、治皮肤病、平喘、调经、壮阳壮腰等。
- 桂圆干的食疗功效包括养颜护肤、提高免疫力、养血安胎、降脂护心、抗衰老、安神定志、护脑补气、抗癌等。
- 红枣的食疗功效包括预防胆结石、健脾益胃、补气养血、安神、抗癌、缓和药性等。
- 枸杞子的食疗功效包括提高免疫力、健脑、降血脂、降血压、抗癌、护眼、抗疲劳、补血、抗衰老、美颜、壮阳、降血糖、护肝、缓解过敏性炎症、瘦身等。

我的蔬果汁/昔健康日记

8.1.4　开胃果汁

食材（2杯分量）：

菠萝1/4个、葡萄柚1个、柠檬1个、姜（约1个拇指大小）、胡萝卜1根

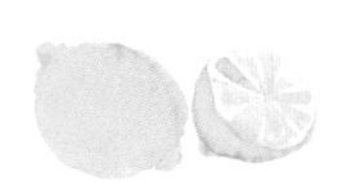

工具：

榨汁机

做法：

1. 菠萝、葡萄柚、柠檬洗净去皮，姜、胡萝卜洗净；
2. 将所有食材切小块后，用榨汁机榨汁。

温馨提示：

- 菠萝的食疗功效包括抗氧化、提高免疫力、防寒、强健骨骼、护齿、护眼、防治癌症、防治动脉粥样硬化、护心、助消化、消炎、控制血压、驱虫、止吐等。
- 葡萄柚的食疗功效包括瘦身、美容养颜、护发、增强食欲、降胆固醇、减压、预防心脏病等。
- 柠檬的食疗功效包括助消化、清理肠道、提高免疫力、瘦身、美肤、除口臭等。

- 姜的食疗功效包括抗氧化、抗癌、促进食欲、抗衰老、预防胆结石、护心、解毒、防治肠胃炎、护肤、活血、驱寒、排汗降温等。
- 胡萝卜的食疗功效包括保护视力、降血压、降血糖、降血脂、抗癌、抗衰老、通便、瘦身、抗过敏、美颜、促进婴幼儿生长、补血、增强性能力、清除体内重金属，还可以刺激胃肠的血液循环，改善消化系统，清除导致疾病、老化的自由基等。

我的蔬果汁/昔健康日记

8.1.5　消暑清热鸡尾酒

食材（2 杯分量）：

西瓜 1/4 个、鲜榨青柠汁或柠檬汁 1/4 杯

工具：

搅拌机

做法：

1. 西瓜削去表皮绿色部分，连籽及白肉放入搅拌机内；
2. 加入青柠汁高速液化。

温馨提示：

- 也可以加少量过滤水（可直接饮用的生水），视所要求的稀稠度而定。
- 西瓜的食疗功效包括护肤、清热解暑、除烦止渴、治便秘、丰润美白肌肤、降血压、益肾、防治黄疸等。
- 青柠的食疗功效包括抗炎杀菌、增强抵抗力、降血压、杀菌、促进消化等。

8.1.6 椰子苹果奶昔

食材（2 杯分量）：

椰青 1 个、苹果 1 个、亚麻籽 1 茶匙（如找不到可以省去，亦可改用半茶匙亚麻籽油）

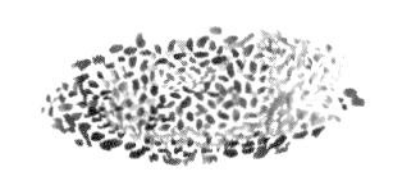

工具：

搅拌机

做法：

1. 亚麻籽用过滤水（可直接饮用的生水）浸泡一夜催芽；
2. 苹果洗净去皮切小块；
3. 将椰青肉连椰青水、苹果、亚麻籽放入搅拌机高速液化即成。

温馨提示：

- 根据临床记录，鲜椰子和椰子油的食疗功效包括防治心脏病，防治糖尿病，抗癌，增强免疫力，抵抗细菌病毒，调节体内新陈代谢，助消化，瘦身，溶解肾石，减少动脉粥样硬化，防治骨质疏松症，防止未老先衰，减少癫痫发作，防治肾病、肝病、胆病，护肤，抗氧化，护发，减压，止痛，提升活力，消暑解渴等。

- 苹果的食疗功效包括调理肠胃、抗氧化、防衰老、美化皮肤、降胆固醇、排肝毒、降低患慢性疾病的风险、预防白内障等。
- 亚麻籽的食疗功效包括提高免疫力、抗炎、抗癌、护心、降血糖、抗抑郁、助消化、抗炎、缓解更年期症状、缓解湿热、治水肿、益肾、通便、减少过敏、瘦身、益发、护肤等。

我的蔬果汁/昔健康日记

8.1.7 生机劲辣汤

食材（4 碗分量）：

红甜椒 1 大个、西红柿（大）3 个或（小）5 ～ 6 个

调味料：

指天椒 2 ～ 4 个（视口味而定）、百里香 1/2 束、盐 1 茶匙（不用更好）、柠檬汁（用 1/2 个柠檬榨成）、橄榄油 1/2 杯（可以不用）

工具：

搅拌机

做法：

1. 红甜椒洗净去核切小块，西红柿、指天椒、百里香洗净切小块；
2. 全部食材及调味料放入搅拌机内，加入适量过滤水（可直接饮用的生水）高速液化即成。

温馨提示：

- 指天椒辣度不一，分量掌握不易，所以宜先下少量，不断试味再逐渐加多。
- 指天椒最辣的部分是籽，所以要想减辣，要预先将籽取走。

- 红甜椒的食疗功效包括抗氧化、抗癌、护心、护肺、补血等。
- 西红柿的食疗功效包括抗癌、提高免疫力、护心、保护前列腺、增强性能力等。

我的蔬果汁/昔健康日记

8.1.8 冬瓜祛湿汤

食材（4 人分量）：

杏仁奶 1/2 杯（用 100 克杏仁制成）、小冬瓜 1/2 个（冬瓜肉 150 ～ 300 克）、胡萝卜丝适量、玉米粒适量、过滤水（可直接饮用的生水）适量

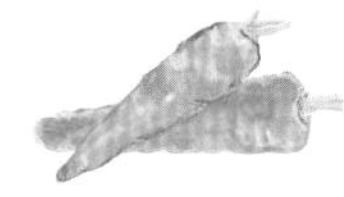

调味料：

味噌 1 茶匙（或酱油随意）

工具：

搅拌机

做法：

1. 制作杏仁奶，先将杏仁催芽；
2. 杏仁催芽后加两倍水，放入高速搅拌机中打匀，若想口感更细滑，可用豆浆袋隔渣，即成杏仁奶；
3. 冬瓜去皮去籽，放入榨汁机榨汁；
4. 将榨出来的冬瓜汁，混合杏仁奶；
5. 加入味噌调味；
6. 享用时加入红萝卜丝和玉米粒，更加美味。

温馨提示：

- 凡是食生的（未经高温、化学处理的）坚果都最好先“催芽”再吃，这样不但将其中所含的天然抑制剂溶掉排走，还令味道更美，营养大幅度增加。方法是用过滤水泡若干小时（浸泡时间因坚果种类不同而有所不同），然后把水倒掉，将坚果放在阴凉地方保存一会儿。杏仁一般浸泡半日至一夜便可达到效果。
- 杏仁的食疗功效包括护眼、防治咳嗽气喘、滋润肺部、助消化、降胆固醇、护肤、益寿、抗癌、瘦身、预防慢性病。
- 冬瓜不但能在炎夏解暑消渴，令人抖擞精神，还可养颜护发、降脂减肥、利水消肿、通便、清肺排毒、抗癌、预防心脏病、催乳。
- 胡萝卜的食疗功效包括保护视力、降血压、降糖、降血脂、抗癌、抗衰老、通便、瘦身、抗过敏、美颜、促进婴幼儿生长、补血、增强性能力、清除体内重金属，还可以刺激胃肠的血液循环，改善消化系统，清除导致疾病、老化的自由基等。
- 玉米的食疗功效包括抗癌、护心、护胆、护眼、补脑、减压、美颜、通便、降压、利尿等。

我的蔬果汁/昔健康日记

8.1.9 暖心核桃山药奶

食材（分量随意）：

核桃、鲜山药（比例随意）

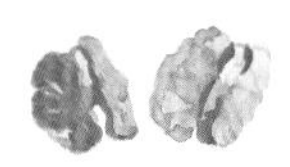

工具：

搅拌机

做法：

1. 核桃先催芽，山药洗净切小块；
2. 所有食材放入搅拌机内，加适量过滤水（可直接饮用的生水）高速液化；
3. 如有需要，可用奶袋、过滤网（茶隔之类）隔渣。

温馨提示：

- 凡是食生的（未经高温、化学处理的）坚果都最好先“催芽”再吃，这样不但将其中所含的天然抑制剂溶掉排走，还令味道更美，营养大幅度增加。方法是用过滤水浸泡若干小时（浸泡时间因坚果种类不同而有所不同），然后把水倒掉，将坚果放在阴凉地方保存一会儿。核桃一般浸泡半日至一夜便可达到效果。
- 鲜山药切开会有黏液流出，令不少人皮肤发痒，相当不好受。所以洗切时最好戴上手套保护皮肤。
- 山药令人活力充沛，还可以提高免疫力、增强机体造血功能、延缓衰老、补脑、益肾、改善睡眠、愉悦心情、增进食欲等。
- 核桃的食疗功效包括补脑、美容、抗衰老、防治神经衰弱、消炎杀菌、护心、护发、护肾、助眠等。

8.1.10　开胃甜椒番茄汁

食材（2 杯分量）：

红黄甜椒各 1 个、西红柿大 1 个或小 2 个、西芹适量、柠檬汁 1 大匙。

  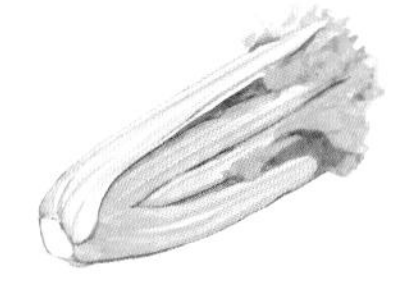 

工具：

榨汁机

做法：

1. 甜椒洗净去籽切小块，西红柿、西芹洗净切小块；
2. 用榨汁机榨汁，实时享用。

温馨提示：

- 甜椒的食疗功效包括抗氧化、抗癌、护心、护肺、补血等。
- 西红柿的食疗功效包括抗癌、提高免疫力、护心、保护前列腺、增强性能力等。
- 西芹的食疗功效包括抗癌、补血、助消化、美颜、促进骨骼发育、瘦身、降血压、降胆固醇等。
- 柠檬的食疗功效包括助消化、清理肠道、提高免疫力、瘦身、美肤、除口臭等。

8.1.11 清肠益生菌汁

食材（2 杯分量）：

水克菲尔 1 汤匙、胡萝卜半根、甜菜根 1/4 个、苹果 1 个

 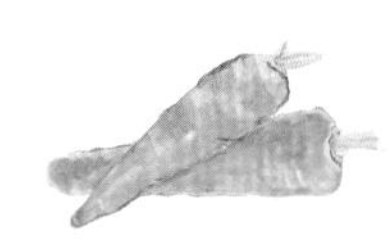  

工具：

榨汁机

做法：

1. 将果菜全部洗净后，切小块用榨汁机榨汁；
2. 加入水克菲尔饮用。

温馨提示：

- 水克菲尔[①]的食疗功效包括提高免疫力，防治焦虑、神经紧张、过敏、溃疡、哮喘、气喘、心肌梗死、支气管炎、贫血、高血压、低血压、湿疹、皮肤敏感、皮肤炎、胆脏问题、肝脏问题、肾脏问题、膀胱炎，还能增强抵抗力，改善消化及营养吸收功能，改善腹泻、便秘问题，预防骨质疏松及癌症等。

---

① 水克菲尔：可参阅附录第 243 页。

- 胡萝卜的食疗功效包括保护视力、降血压、降血糖、降血脂、抗癌、抗衰老、通便、瘦身、抗过敏、美颜、促进婴幼儿生长、补血、增强性能力、清除体内重金属，还可以刺激胃肠的血液循环，改善消化系统，清除导致疾病、老化的自由基等。
- 甜菜根的食疗功效包括抑制肿瘤生长、降血压、益脑、提升体力、补血养颜、清肠胃等。
- 苹果的食疗功效包括调理肠胃、抗氧化、防衰老、美化皮肤、降胆固醇、排肝毒、降低患慢性疾病的风险、预防白内障等。

我的蔬果汁/昔健康日记

8.2 强身健体

8.2.1 抗感冒蔬果昔

食材（4 碗分量）：

白菜 500 克、橙子（大）4 个、姜 10 克

工具：

搅拌机

做法：

1. 白菜和姜洗净切小片，橙子去皮去核切小块；
2. 全部食材放入搅拌机内，加入适量过滤水（可直接饮用的生水）高速液化，实时享用。

温馨提示：

- 白菜的食疗功效包括抗癌、护心、抗炎、通便、健胃、防治糖尿病、瘦身等。
- 橙子的食疗功效包括消食、预防“富贵病”、清肠、治疗感冒咳嗽、抗癌、预防胆结石、缓解压力等。
- 姜的食疗功效包括抗氧化、抗癌、促进食欲、抗衰老、预防胆结石、护心、解毒、防治肠胃炎、护肤、活血、驱寒、排汗降温等。

8.2.2　高能量椰子昔

食材（2 碗分量）：

椰青 2 个、鲜菠萝块 4 杯、青柠 2 个

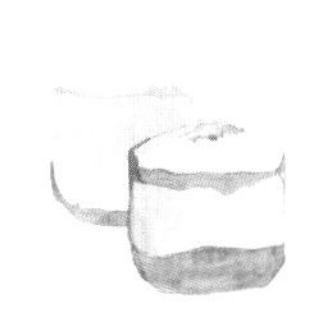

调味料：

椰子花蜜

工具：

搅拌机

做法：

1. 开椰青取肉取水，青柠榨汁；
2. 所有食材放入搅拌机，加适量过滤水（可直接饮用的生水）高速搅拌液化，实时享用。

温馨提示：

- 根据临床记录，鲜椰子的食疗功效包括防治心脏病，防治糖尿病，防治癌症，增强免疫力，抵抗细菌病毒，调节体内的新陈代谢，助消化，瘦身，溶解肾石，减少动脉粥样硬化，防骨质疏松症，防止未老先衰，减少癫痫发作，防治肾病、肝病、胆病，护肤，抗氧化，护发，减压，止痛，提升活力，消暑解渴等。

- 菠萝的食疗功效包括抗氧化，提高免疫力、防寒、强健骨骼、护齿、护眼、消炎、防治癌症、防治动脉粥样硬化、护心、助消化、控制血压、驱虫、止吐等。
- 青柠的食疗功效包括消炎杀菌、增强抵抗力、降血压、杀菌、促进消化等。

我的蔬果汁/营健康日记

8.2.3　强身香橙汤

食材（2 碗分量）：

橙子 2 个、绿菜叶 2 杯、黄甜椒半个、香蕉 1 根、过滤水（可直接饮用的生水）适量

工具：

搅拌机

做法：

1. 橙子去皮去核切小块，绿菜叶洗净切小段，甜椒洗净去核切小块，香蕉去皮切小块；
2. 全部放入搅拌机内，加入适量过滤水高速液化，实时享用。

温馨提示：

- 橙子的食疗功效包括消食、预防“富贵病”、清肠、治疗感冒咳嗽、抗癌、预防胆结石、缓解压力等。
- 甜椒的食疗功效包括抗氧化、抗癌、护心、护肺、补血等。
- 香蕉的食疗功效包括减压、舒缓身心、止抑郁、提神、止痛、通便、治胃溃疡、护眼、降血压、预防中风、解宿醉、护脑、补血、帮助戒烟等。

8.2.4 超级营养饮

食材（2 杯分量）：

椰青水、螺旋藻粉（比例随个人喜好）

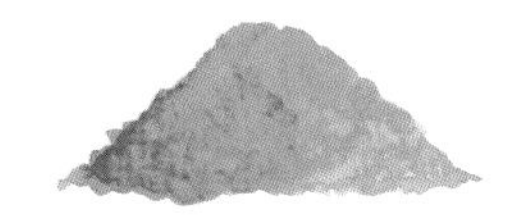

工具：

勺子或筷子

做法：

用勺子或筷子将全部食材拌匀即成。

温馨提示：

- 本品特别适合用于在断食时补充体力。
- 根据临床记录，鲜椰子的食疗功效包括防治心脏病，防治糖尿病，防治癌症，增强免疫力，抵抗细菌病毒，调节体内的新陈代谢，助消化，瘦身，溶解肾石，减少动脉粥样硬化，防骨质疏松症，防止未老先衰，减少癫痫发作，防治肾病、肝病、胆病，护肤，抗氧化，护发，减压，止痛，提升活力，消暑解渴等。
- 螺旋藻的食疗功效包括排毒、护肤、葆青春、瘦身、加速身体康复、防治缺铁性贫血等，特别适合中老年人食用。

附录

蔬果汁食材推介

（含功效详解）

水果（27种）

香蕉

- 减压：香蕉富含的钾能调节心律，有助于把氧气顺利送至大脑。当感到紧张、有压力时，人体新陈代谢便会加快，导致钾的含量下降，吃香蕉正好可补充。
- 舒缓身心：香蕉富含B族维生素，有助于舒缓神经系统，减少紧张。
- 止抑郁：香蕉所含的氨基酸，会转化为血清促进素，让人身心放松、提升情绪。
- 提神：吃香蕉能保持血糖水平，使人精神爽利。
- 止痛：香蕉能减少体内酸性物质造成的疼痛。
- 通便：香蕉含有丰富的膳食纤维，有助于恢复肠胃正常活动，有效缓解便秘。
- 治胃溃疡：香蕉中的膳食纤维能有效调理肠胃失调，还能中和胃酸及减少疼痛。
- 护眼：香蕉富含钾，经常食用可缓解眼疲劳。

- 降血压：香蕉含钾量极高而盐分低，可以有效降低血压。
- 防中风：经常吃香蕉，可使中风的几率降低 40%。
- 护脑：香蕉富含钾，食用后可提高人的专注力。
- 补血：香蕉富含的铁，能刺激血液内血红蛋白的产生，改善贫血。
- 帮助戒烟：香蕉富含维生素B_6、维生素B_{12}、镁以及钾，能帮助吸烟者戒烟。

椰青

椰子富含蛋白质、葡萄糖、果糖、蔗糖、维生素B_1、维生素C、维生素E，以及钾、钙、镁等营养成分。根据临床记录，鲜椰子的食疗功效包括：

- 防治心脏病
- 防治糖尿病
- 防治癌症
- 增强免疫力，抵抗细菌病毒
- 调节新陈代谢
- 改善肠胃功能，促进消化吸收
- 减肥
- 溶解肾结石
- 减少动脉粥样硬化
- 促进血液循环
- 预防骨质疏松症
- 防止未老先衰
- 减少癫痫发作
- 防治肾病、肝病、胆病
- 令皮肤病早愈，保持细滑

- 帮助身体抗氧化
- 防止太阳的紫外线伤害皮肤
- 令头发秀丽，减少头皮屑
- 放松、全身减压、缓解疲劳
- 止痛
- 提升人体活力
- 消暑解渴

牛油果

- 降低胆固醇：牛油果含有大量油酸，可代替膳食中的饱和脂肪酸，降低胆固醇。
- 调节血压：牛油果富含钾，能调节血压。
- 抗癌、预防心脏病：归功于其所含的叶酸。
- 防治糖尿病：牛油果富含对人体有益的脂肪和膳食纤维，对调理血糖水平非常有效。
- 通便：牛油果富含的膳食纤维，能帮助消化系统功能保持正常，预防便秘。
- 护眼：牛油果含有叶黄素，可防治多种眼疾。
- 预防先天疾患：牛油果富含B族维生素，可保护胎儿免患多种疾病。
- 治关节炎：牛油果的抗氧化成分可消炎止痛。
- 美颜护肤：牛油果中含有丰富的维生素A、蛋白质和油酸，护肤、防晒与保健的作用十分卓越。它富含不饱和脂肪酸、维生素C及维生素E，可帮助皮肤维持弹性、增添光彩、减少皱纹。
- 瘦身：牛油果的非水溶性纤维可令人有饱腹的感觉，从而控制食欲。
- 活血暖身：牛油果富含维生素E，可促进血液循环，改善虚冷症状。

木瓜

- 提高免疫力：可补充人体的养分，增强机体的抗病能力。
- 抗癌：具有抗肿瘤的功效，并能阻止致癌物质亚硝胺的合成，对淋巴性白血病细胞具有强烈抗癌活性。
- 抗痉挛：木瓜含番木瓜碱，可缓解痉挛疼痛。
- 抗菌杀虫：番木瓜碱和木瓜蛋白酶具有抗结核杆菌及寄生虫如绦虫、蛔虫、鞭虫、阿米巴原虫等作用。
- 预防感冒：木瓜维生素A及维生素C的含量特别高，可降低患感冒的几率。
- 消食：木瓜中的木瓜蛋白酶，有助消化。
- 瘦身：木瓜酵素可分解脂肪，去除赘肉，缩小肥大细胞。
- 美颜：木瓜酶能够促使毒素尽快排出体内，由内到外清爽肌肤。

火龙果

- 防治癌症：富含优质抗氧化剂，能减少身体中破坏细胞的自由基。
- 防衰老：富含抗氧化剂，能防止皮肤老化。
- 改善心血管健康：富含不饱和脂肪，能帮助心脏保持在最佳状态。
- 治糖尿病：火龙果含大量膳食纤维，有助于控制和治疗糖尿病。
- 通便：火龙果中的膳食纤维可改善消化不良和便秘的情况。
- 抗炎：能帮助关节炎等复原。
- 护眼：火龙果中的β-胡萝卜素可转化为维生素A，为眼睛视网膜的两个低光和颜色视觉所需。

苹果

- 调理肠胃：苹果富含膳食纤维，具有很好的调理肠胃的作用，可通便止腹泻。

- 抗氧化，防止老化
- 美容养颜
- 降低胆固醇
- 排肝毒
- 降低患慢性疾病的风险：包括 2 型糖尿病、癌症、心脏病、阿尔茨海默病。
- 预防白内障

梨

- 排毒通便：促进胃肠蠕动，使积存在体内的有害物质大量排出，避免便秘。吃梨还对厌食、消化不良、肠炎、慢性咽炎等疾病有一定的辅助疗效。
- 润肺清燥、止咳化痰：对咽喉干燥、痒、痛及音哑、痰稠等均有良好的治疗效果。
- 降血压：养阴清热，可助高血压、心脏病、肝炎、肝硬化早愈。
- 防痛风、风湿病和关节炎
- 护肝：梨含有较多糖类和多种维生素，可预防肝病。
- 养阴润燥：气候干燥时皮肤瘙痒、口鼻干燥，有时干咳少痰，梨汁可缓解干燥。
- 活血健骨：净化机体，软化血管，促进血液循环，帮助血液将钙质运送到骨骼，从而达到健骨的效果。

菠萝

- 提高免疫力：可抗氧化，对抗伤害身体细胞的自由基，有助于预防很多疾病，如动脉粥样硬化、心脏疾病、关节炎和各种癌症等。

- 防寒：菠萝含丰富的维生素C和菠萝蛋白酶，能提高身体的御寒能力。
- 强健骨骼：菠萝中富含的矿物质、锰可强化骨骼和结缔组织。
- 护齿：有助于固齿及牙龈健康。
- 护眼：所含的β-胡萝卜素可保护视力。
- 抗炎：能预防关节炎，并强健骨骼。菠萝蛋白酶有助于预防鼻窦炎、咽喉痛、痛风和肿胀。
- 抗癌：菠萝富含抗氧化剂，能清除损害细胞的自由基，从而预防不同类型的癌症。
- 防治动脉粥样硬化：菠萝富含抗氧化剂，可预防自由基导致的动脉粥样硬化。
- 护心：菠萝的抗氧化剂能清除自由基，降低胆固醇，保护心脏。
- 助消化：菠萝酵素、维生素C和膳食纤维都可以促进消化。
- 控制血压
- 驱虫：有助于解决儿童常见的肠虫问题。
- 止吐：可缓解恶心、孕吐等。

橙子

- 消食：有生津止渴、开胃下气的功效。吃橙子或饮橙汁可解油腻、消积食、止渴、醒酒。
- 预防“富贵病”：增加机体抵抗力，增加毛细血管的弹性，降低胆固醇。高脂血症、高血压、动脉粥样硬化者常吃橙子有益健康。喝橙汁可以增加体内高密度脂蛋白含量，从而降低患心脏病的风险。
- 清肠：促进肠道蠕动，有利于清肠通便，排出体内有害物质。
- 治疗咳嗽感冒：止咳化痰功效显著，常吃能治疗感冒咳嗽、食欲不振、胸腹胀痛。橙皮还含有一定的橙皮油，对治疗慢性支气管炎有效。

- 抗癌：橙子能清除体内对健康有害的自由基，抑制肿瘤细胞生长。
- 预防胆结石：橙皮中的果胶可以促进食物通过胃肠道，使胆固醇更快地随粪便排出体外，以减少胃肠对胆固醇的吸收。
- 缓解压力：橙子发出的气味有利于缓解心理压力，有助于克服紧张情绪。

葡萄柚

- 预防心血管疾病：葡萄柚含有的天然果胶，能降低血液中的胆固醇，减少动脉血管壁的损伤，维护血管的功能。经常食用有助于高血压患者和心血管疾病患者康复。
- 减压：葡萄柚对中枢神经系统有平衡作用，能振奋精神，改善沮丧情绪，使人感到轻松愉快，充满活力。
- 瘦身：多吃葡萄柚可减轻体重，改善水肿。
- 美颜：葡萄柚含有丰富的天然维生素，可净化、滋养皮肤，使其恢复水润光泽，且能紧实皮肤、防止皱纹出现。
- 护发：它能促进毛发生长和巩固毛根，滋养毛发。
- 开胃：增强食欲，增加体力。

芒果

- 抗癌：芒果中含有大量的维生素A，经常食用，可阻止肿瘤生长。
- 防治各种慢性病：芒果含有维生素C、矿物质等营养物质，有助于高血压、动脉粥样硬化等的康复。
- 通便：芒果富含膳食纤维，可以促进排便，防治便秘。
- 美颜：芒果富含维生素，经常吃可美化肌肤。
- 止吐：吃芒果可以清肠胃，晕车、晕船时食用可止吐。

桂圆（龙眼）

- 护心：桂圆可降血脂，增加冠状动脉血流量。
- 抗癌：桂圆能抗菌，抑制癌细胞活动。
- 美颜：桂圆有壮阳益气、润肤美容等多种功效。
- 补脑：桂圆对脑细胞特别有益，能增强记忆，消除脑疲劳。
- 葆青春：桂圆中含有可抑制衰老的黄素蛋白——B型单胺氧化酶（MAO-B），从而延缓衰老。
- 补血：桂圆含丰富的葡萄糖、蔗糖及蛋白质等，含铁量也较高，可促进血红蛋白再生以补血。
- 安胎：桂圆的铁及维生素含量较多，可减轻宫缩及下垂感，加速代谢，促进胎儿的发育。

猕猴桃（奇异果）

- 增强免疫力：猕猴桃富含的维生素C，可强化免疫系统，促进伤口愈合和对铁质的吸收。猕猴桃汁可以作为一种饮料帮助治疗维生素C缺乏病。
- 防心血管病：猕猴桃含有的果胶，可降低血液中胆固醇的稀稠度。
- 排毒清肠：猕猴桃富含的膳食纤维，有降低胆固醇、促进心脏健康的功效，还有助于消化、排毒、防止便秘以及清除体内堆积的有害代谢物。
- 预防抑郁症：猕猴桃能调节细胞内的激素和神经传导效应，稳定情绪、镇静心情。
- 美颜：猕猴桃富含的维生素C，具抗氧化功能，可消除皮肤皱纹和细纹。

西瓜

- 益肾：西瓜所含的糖和盐能利尿并消除肾脏炎症，西瓜汁中含有的蛋白酶能把不溶性蛋白质转化为可溶性蛋白质，增加肾炎病人的营养。
- 治疗黄疸
- 清热解暑，除烦止渴：西瓜中含有大量的水分，在突发急性热病、口渴汗多、烦躁时，吃上一块西瓜，症状会马上得到改善。
- 治便秘：西瓜汁通便效果极佳。
- 降血压
- 丰润美白肌肤：西瓜含多种营养物质，容易被皮肤吸收，对面部皮肤的滋润、防晒、增白效果很好。西瓜汁和鲜嫩的瓜皮能增加皮肤弹性，减少皱纹，增添光泽。

甜瓜

- 增强免疫力：可以增强人体血液中白细胞的活性，还能调节人体免疫系统，提高人体免疫力，防止病毒对人体细胞产生伤害，还能抑制多种真菌活性。
- 护心：能增强人体的抗凝血能力，降低血液黏稠度，防止血液凝结成块，预防血栓生成，稳定血压，也能为心脏提供大量氧气，调节人体酸碱平衡，预防动脉粥样硬化和冠心病。
- 护肾：甜瓜中的转化酶可将不溶性蛋白质转变成可溶性蛋白质，能帮助肾脏病人吸收营养。
- 护眼：甜瓜富含胡萝卜素和维生素A，经常食用可促进眼部发育、降低白内障发生的几率、增强视网膜对紫外线的过滤，还可以预防视网膜变性及夜盲症。

- 清热解暑：甜瓜含大量碳水化合物及柠檬酸等，且含水量高，具有消暑清热、生津解渴、愉悦心情及利尿等功效。
- 补血：能促进人体造血功能。
- 催吐：甜瓜的蒂含苦毒素，能刺激胃壁的黏膜引起呕吐，适量的内服可急救食物中毒，而不会被胃肠吸收。
- 提神：身心疲倦、心神焦躁不安时，食用甜瓜可有所改善。
- 调节神经：甜瓜含钾，能平复情绪，促进血液循环，满足大脑正常工作时对血液的需要，而它含有的超氧化物歧化酶，还能直接作用于神经中枢，能缓解焦虑、抑郁以及烦躁等不良症状，保持精神状态良好。
- 增强性能力：甜瓜含抗氧化剂，可以消除体内自由基，间接提升男性的精子质量，增加精子数目。

葡萄

- 增强免疫力：葡萄含有单宁，具有抗过敏、延缓衰老的功效，令身体提高抵抗力。
- 护心：葡萄具有降血脂、抗血栓、预防动脉粥样硬化等作用；葡萄又含花青素，能抗氧化、抗突变、改善肝脏功能、保护心血管。
- 抗衰老：葡萄皮与葡萄籽一起食用，对局部缺血性心脏病和动脉粥样硬化性心脏病患者有好处。
- 抗肝炎：葡萄含葡萄糖及多种维生素和膳食纤维，对保护肝脏、减轻腹水和下肢水肿效果非常明显，还能提高血浆蛋白，降低转氨酶，对肝脏不好甚至肝炎患者十分有益。
- 预防心脑血管病：葡萄能阻止血栓形成，且能降低人体血清总胆固醇水平，降低血小板的凝聚力。
- 抗病毒：葡萄汁对体弱的病人、血管硬化和肾炎患者的康复有辅助疗效，可帮助器官移植手术患者减少排异反应，促进早日康复。

- 兴奋大脑：葡萄中的葡萄糖、有机酸、氨基酸、维生素对大脑神经有兴奋作用，经常食用可缓解神经衰弱和过度疲劳。
- 化痰：葡萄既可帮助肺部细胞排毒，又有化痰作用，可缓解吸烟引起的呼吸道发炎、痒痛等症状。
- 瘦身：吃了葡萄不发胖，有助于瘦身。
- 抗癌：它的皮和籽中含丰富的抗癌微量元素白藜芦醇，可以防止健康细胞癌变，阻止癌细胞扩散。

杨桃

- 增强免疫力：杨桃含有丰富的维生素、有机酸及大量糖类，可以起到补充营养，增强机体免疫力的作用。
- 消除疲劳：杨桃中的果糖和葡萄糖很容易被人体吸收，能够帮助人体及时补充消耗掉的能量，缓解疲劳。
- 开胃：杨桃中的苹果酸和柠檬酸等物质有刺激胃酸分泌的功效，能够促进消化。
- 止咳化痰润肺：杨桃中除了胡萝卜素类含量丰富之外，还含有大量的挥发性成分，加上糖类、B族维生素、维生素C和有机酸的作用，能达到止咳化痰、清热利咽的功效，对咽喉炎、口腔溃疡、牙痛等症的疗效极佳。
- 美颜：杨桃含有的大量果酸对于抑制黑色素的沉淀有极好的效果，不但能够起到淡斑或祛斑的作用，还能保湿，对改善油性皮肤或干性皮肤也有一定的效果。
- 护心：适量吃杨桃能减少人体对脂肪的吸收、有效降低血脂及血压，还可预防心血管疾病、保护肝脏、降低血糖。

- 促进口腔健康、护齿：杨桃中含有大量的挥发性成分，像糖类、胡萝卜素类化合物、维生素C、B族维生素、有机酸等，能够起到防治口腔溃疡、咽喉炎症的作用，还能防治牙痛。
- 瘦身：杨桃的热量比较低，而且吃杨桃能够促进食物消化，并减少身体对脂肪的吸收，因此有利于减肥瘦身。

柠檬

- 提高免疫力：柠檬富含维生素C和钾，能够刺激大脑与神经，钾还可以抑制血压上升。
- 助消化：可促进肝脏分泌胆汁，进而帮助消化，同时还能改善烧心和便秘等不适症状。
- 清理肠道：清除宿便，减少便秘。
- 瘦身：柠檬中含有丰富的果胶，喝柠檬水易产生饱腹感，进而帮助纤体。
- 美肤：柠檬含有的维生素C能净化血液，使肌肤光滑柔嫩，减少皱纹。
- 除口臭：柠檬酸能够去除口腔内细菌，缓解牙痛和牙周炎带来的口腔不适和口腔异味。

青柠

- 抗炎杀菌：青柠中所含的橙皮苷和柚皮苷具有抗炎作用。青柠汁含有烟酸和丰富的有机酸，有很强的杀菌作用。
- 增强抵抗力：青柠含大量维生素C和柠檬酸，可提高机体抵抗力，加速伤口恢复。
- 补血：维生素C和柠檬酸具有促进造血的功能。
- 降血压：青柠具有止血作用，其表皮含有的维生素P，可防止人体血管硬化，对改善高血压和心肌梗死非常有益。

- 助消化：青柠能促进胃中蛋白分解酶的分泌，促进胃肠蠕动。

草莓

- 增强免疫力：草莓富含维生素C，可增强免疫力。
- 防癌：草莓富含抗氧化剂，有助于预防癌症。其所含的维生素C能帮助免疫系统抵抗癌细胞。它亦富含鞣酸，在体内可吸附致癌化学物质，阻止其被身体吸收。
- 预防糖尿病：草莓富含膳食纤维，有助于控制血糖，预防糖尿病。糖尿病患者可以吃草莓而不必担心高血糖，因为草莓的升糖指数仅有40。
- 排毒：草莓中含有天门冬氨酸，可以自然平和地清除体内的重金属。
- 护心：草莓含有抗氧化剂和黄酮等营养成分，有利于防止可引起动脉堵塞的坏胆固醇生成。经常吃草莓除可以预防维生素C缺乏病外，还可以防治动脉粥样硬化和冠心病。
- 护脑：草莓富含漆黄素，有助于提升记忆力。
- 护眼护肝：草莓中的胡萝卜素是合成维生素A的重要物质，具有明目养肝的作用。
- 护骨骼：草莓富含钾、锰和一些重要的矿物质，有助于骨骼生长。
- 护发：草莓含有叶酸、鞣花酸、维生素B_5和维生素B_6，有助于防止头发稀疏与脱落。其所含的多种矿物质如镁、铜等，有助于防止真菌生长和头皮屑。
- 美容：草莓富含抗氧化剂和维生素C，常吃有助于延缓衰老，保持皮肤健康，预防痤疮和皱纹的产生。
- 瘦身：草莓热量低，有利于瘦身，它富含膳食纤维，饭前吃能产生饱腹感，从而减少摄入量。其所含的维生素C能加速新陈代谢，帮助身体更多更快燃烧热量。

- 有助于婴幼儿健康：草莓富含的叶酸对婴幼儿大脑发育有益，可帮助神经管正常发育，还可以预防新生儿出生缺陷。

百香果

- 增强免疫力：百香果含有丰富的营养成分，包括维生素、膳食纤维和蛋白质等，经常食用可以增强人体抵抗力。
- 消炎：百香果含有多种维生素，能降低血脂，防治动脉粥样硬化，降低血压。百香果可抑制有害微生物在消化道的生长，有排除体内毒素、整肠健胃、改善机体的营养吸收能力等功效，对结肠炎、肠胃炎、痔疮有特殊治疗作用。
- 排毒养颜：净化机体，避免有害物质在体内沉积，进而达到改善皮肤、美容养颜的效果。
- 抗癌：百香果中含有165种化合物、17种氨基酸以及多种抗癌成分，能防止细胞老化、癌变。
- 降胆固醇：百香果中的维生素C参与胆固醇代谢，能降低胆固醇，净化血液。
- 降血压：百香果里的膳食纤维和维生素可降脂、降压，是高血压患者理想的水果选择。
- 促进代谢：百香果香气浓郁，甜酸可口，能生津止渴，提神醒脑，食用后能增进食欲，促进消化腺分泌，有助消化。其富含的维生素C、胡萝卜素、超氧化物歧化酶能清除体内自由基，养颜抗衰老。
- 排毒：百香果中的大量膳食纤维能深入肠胃的最细微部分，通过其活性基因吸收体内有害物质并将其彻底排出，并可改善肠道内的菌群构成，可保护肠胃。还可抑制有害微生物在消化道的生长。

- 通便：百香果中的膳食纤维能促进排泄，缓解便秘，清除黏附在肠道的刺激物质，避免其刺激肠道和被人体再吸收，从而降低结肠癌的发病率，膳食纤维还具有抗肿瘤的作用。
- 瘦身：食用百香果可以抑制人体对脂肪的吸收，增加胃部饱腹感，减少多余热量的摄入，改善人体营养吸收结构，降低体内脂肪，从而达到减肥的目的。
- 助眠：百香果含有强烈水果香味，其富含的香酚成分具有安神之效，因此长期失眠者食用百香果，可缓解失眠的症状。
- 止渴润喉：百香果富含的氨基酸可以恢复受损的组织细胞，所以食用百香果可清热解毒、止渴润喉，对治疗咽喉干和声嘶等症状有帮助。

水蜜桃

- 抗癌：桃仁中苦杏仁苷的水解产物氢氰酸和苯甲醛对癌细胞有协同破坏作用，而氢氰酸和苯甲醛的进一步代谢产物，对改善肿瘤患者的贫血及缓解疼痛有一定作用。
- 补血：桃子果肉含铁量较高，由于铁参与人体血液的合成，所以吃桃子能促进血红蛋白再生，防治因缺铁引起的贫血。
- 抗血凝：桃仁的醇提取物能提高血小板中cAMP（环磷酸腺苷）的水平，抑制血小板聚集。
- 止咳平喘：桃仁中的苦杏仁苷、苦杏仁酶等物质，水解后对呼吸器官有镇静作用。
- 治疗月经不调：桃仁能活血化瘀、润肠通便，可用于闭经、跌打损伤等的辅助治疗。
- 助消化：桃子还含有较多的有机酸和膳食纤维，可以增加食欲，促进消化。

- 美颜：桃肉含有B族维生素，可调节新陈代谢，维持皮肤和肌肉的健康，增进免疫系统和神经系统的功能，促进细胞生长和分裂，延缓肌肤衰老。桃肉中的维生素C还可以抑制皮肤内黑色素的形成，淡化甚至去除皮肤上的色斑，起到美白肌肤、提高皮肤亮泽度的作用。维生素C可以在皮肤的真皮层中起到抵御紫外线伤害的作用，避免皮肤变黑。

红石榴

- 抗氧化：舒缓关节炎及关节疼痛，还可改善男性性功能。
- 抗癌：红石榴萃取物可减缓癌细胞生长，辅助治疗多种癌症，包括前列腺癌、乳腺癌。
- 护心：可降低患心脏病风险。
- 抗炎：可改善消化管道内的炎症等。
- 护脑：可改善记忆力。
- 抗炎：红石榴内的植物化合物，能击退有害的微生物，对抗念珠菌等细菌。

榴莲

- 滋阴壮阳：榴莲营养价值很高，且富含糖分，身体虚弱的朋友食用榴莲，可以补充身体需要的能量和营养，达到强身健体、滋阴补阳的效果。病后及妇女产后可用其来补养身体。
- 增强免疫力：榴莲的果肉含有7种人体必需的氨基酸，而且谷氨酸含量特别高，谷氨酸是参与核酸、核苷酸、氨基糖和蛋白质合成代谢的重要物质，能提高机体的免疫功能，调节体内酸碱平衡，以及提高机体对应激情况的适应能力。榴莲的抗氧化特性，可以优化身体的防御系统，使身体保持最佳状态。

- 降血压：榴莲含有人体必需的矿质元素，其中钾和钙的含量特别高；钾参与蛋白质、碳水化合物和能量的代谢及物质转运，有助于预防和治疗高血压。
- 补充维生素、抗氧化：榴莲富含的维生素A是人体必需的重要微量营养素，具有维持正常生长、促进生殖和视觉健康及抗感染等生理功能；榴莲富含的维生素C、B族维生素、维生素E和植物营养素则具有抗氧化特性，可以缓解身体各个重要部位的老化。
- 治痛经：榴莲是热性水果，食用后可活血散寒、缓解痛经，特别适合体寒痛经怕冷者。
- 开胃：榴莲的特殊味道可促进食欲。
- 通便：榴莲中含有非常丰富的膳食纤维，可促进肠蠕动，治疗便秘。定期吃榴莲可减少腹胀、胃灼热、痉挛等症状。
- 护心：膳食纤维的另一个功能是促进血液中的LDL（坏胆固醇）排出体外，从而保护心血管系统免受斑块和其他疾病侵犯。榴莲中的钾能有效调节血压，缓解静脉和动脉的压力，因此也能预防心血管慢性疾病，如心脏病、中风和动脉粥样硬化。
- 强化骨骼：榴莲富含钾、锰和铜等矿物质，有利于骨骼健康并增强细胞摄取营养素的能力，经常食用榴莲，可以预防骨质疏松症。
- 补血：贫血症是指血液中缺乏红细胞或血红蛋白，导致面色苍白和疲劳，榴莲中叶酸、铁和铜的含量丰富，有助于身体红细胞增生，定期食用榴莲，可改善疲劳、气短、心悸、食欲下降等贫血症状。
- 提升性能力：榴莲具有壮阳的功效，可增加男性的性欲、耐力以及精子活力，可帮助女性和男性改善不孕不育症。
- 抗衰老：体内自由基是导致衰老甚至严重疾病的主要原因，而榴莲中的维生素和有机化合物具有抑制自由基产生并将它们排出体外的能力，因此，可以预防早衰以及老人斑、皱纹、脱发、关节炎、癌症等。

- 助眠：由于榴莲色氨酸的含量丰富，因此经常食用能改善失眠；人体吸收后，色氨酸转化为血清素，可帮助舒缓身心，产生褪黑激素，提升睡眠质量。

桑葚（桑果）

- 抗癌：桑葚有预防肿瘤细胞扩散、避免癌症发生的功效。
- 护心：桑葚含脂肪酸，可以分解脂肪并起到降血脂的作用，需要预防血管硬化的人，尤其适合吃桑葚。
- 养血滋阴：桑葚中的微量元素可以滋补肾阴，对手脚冰凉者有很好的食疗价值。同时，桑葚还可以改善体内血液循环，起到养血的作用。
- 防血管硬化：桑葚中的脂肪酸，主要由亚油酸、硬脂酸及油酸组成，具有分解脂肪，降低血脂，防止血管硬化等作用。
- 助消化：桑葚含有鞣酸、脂肪酸、苹果酸等营养物质，能帮助脂肪、蛋白质及淀粉的消化，故有健脾胃助消化之功效，可用于治疗因消化不良引起的腹泻。
- 黑发：含有乌发素，可使头发变得乌黑有光泽。
- 护眼：对于长时间用眼一族，桑葚可以缓解眼部疲劳。
- 健脑：含有B族维生素、维生素E和钙，让大脑以最佳状态运作。

西梅

- 抗氧化：西梅能延缓衰老，美容养颜；还能防止心脏病、肺病及癌症等病症的恶化。
- 护心：西梅可有效补充人体叶酸，能预防心脏疾病和中风。
- 抗衰老：西梅所含的抗氧化物质可延缓机体和大脑衰老。

- 通便：西梅中的膳食纤维、山梨糖醇及钾元素，可以通过吸收肠壁及肠道内的水分软化积存物；它富含水溶性天然果胶纤维和植物纤维，可增加肠道蠕动次数，快速解决因不良的饮食习惯以及摄入过多垃圾食品导致的便秘，提升胃动力，轻松缓解便秘。
- 强化骨骼，预防骨质疏松：西梅含有多种对骨骼健康有益的营养素，包括钾、铜、硼和维生素K_1，能维护骨骼健康。
- 护眼：西梅是维生素A的理想来源。维生素A是脂溶性维生素，可促进人体的骨骼生长及牙齿发育等。
- 补血：西梅含铁非常丰富，铁是构成血红蛋白的原料，能携带血液中的氧分，对孕妇、哺乳期妇女、婴幼儿都极为重要，可以预防缺铁性贫血。铁还能让人面色红润、充满光泽、精神奕奕。
- 护肤：西梅中的钾可维持人体电解质平衡，保持肌肤弹性。
- 瘦身：西梅富含水溶性天然果胶和不溶性的植物纤维，这两种膳食纤维的组合可以有效增加肠道的运动能力，促进排便排毒，将因便秘导致的宿便、毒素、肠道垃圾排出体外，解决了宿便问题，小肚子自然就“瘦”下来了。

蓝莓

- 防癌：蓝莓富含有助于抗癌的物质，可抑制肿瘤生长。
- 护脑：蓝莓中的花青素有助于保护脑部神经，增强记忆力。
- 护心：蓝莓具有抗氧化特性，因而能预防心血管疾病，减少坏胆固醇在血管内堆积，降低中风和心血管疾病的发生风险。
- 预防泌尿道感染：蓝莓含黄酮类化合物，能很好地帮助身体对抗和摆脱细菌感染，防止细菌附着在尿道壁上，因此经常食用蓝莓有利于尿道健康，并降低膀胱的感染风险。

- 消炎：蓝莓富含的花青素和黄酮类化合物都有消炎的功效，所以多吃可减少炎症性疾病，例如关节炎。
- 减缓老化：蓝莓含有丰富的抗氧化物，有助于消除血液中过多的自由基，减轻细胞膜和DNA的氧化压力，进而延缓衰老，保持年轻。

蔬菜（36种）

黄瓜

- 抗癌：黄瓜中的营养物质可以抑制癌细胞的发育和存活，黄瓜把儿中含有较多的葫芦素C，实验证实，这种物质具有明显的排毒养颜及抗肿瘤作用。
- 护肝：黄瓜96%的成分是水，有助于清除我们肝脏中的毒素。黄瓜中的水分和膳食纤维都是天然的利尿剂。
- 护心：吃黄瓜可以降低罹患心脏病的风险。黄瓜所含的钾可以降低血压，从而改善心脏健康，减少心脏病发作的几率。另外，吃黄瓜还可以降低中风风险。
- 降血糖：黄瓜所含的糖分大部分是葡萄糖苷和果糖，这两种糖均不参与体内糖类的代谢，所以吃黄瓜不会引起血糖升高，相反，还有助于控制血糖。糖尿病患者饥饿时，可以生吃黄瓜来充饥。
- 降血压降血脂：黄瓜中含有丙醇醋酸，能抑制碳水化合物转化成脂肪；膳食纤维能促进肠胃蠕动，加速排泄，降低胆固醇，此外，黄瓜热量很低，对于高血压、高脂血症、肥胖型糖尿病人来说，是一种理想的食疗食材。
- 帮助消化：吃黄瓜不要去掉皮和籽，它们富含膳食纤维。如果吃自制腌黄瓜，还可以提高消化能力。

- 消除口臭：吃几片黄瓜可以增加口腔中的唾液量，冲走导致口臭的细菌。
- 护眼：黄瓜中的维生素C和咖啡酸，可以缓解眼睛疲劳。
- 减轻关节疼痛：黄瓜可促进关节结缔组织健康。黄瓜中含有类黄酮和单宁，两者都能限制身体内释放自由基。维生素K和维生素D有助于维持健康的骨密度水平。
- 健脑：黄瓜含有大量维生素E、糖和电解质，电解质是调节体内液体的矿物质，矿物质可改善大脑健康以及记忆力。
- 排毒美容：黄瓜中的黄瓜酶能促进人体新陈代谢，有效排出身体内囤积的大量毒素；维生素C有助于肌肤美白，保持皮肤弹性，而且还能有效抑制黑色素形成；维生素E能起到抗衰老、减少皱纹的作用。
- 护发美甲：黄瓜中含有的天然二氧化硅可以滋润头发和指甲。
- 护肤：黄瓜中的二氧化硅、维生素E和氨基酸可以促进皮肤健康，包括消除痤疮等。
- 抗衰老：黄瓜中富含维生素E和黄瓜酶，能改善皮肤的新陈代谢，有润肤、抗皱的功效。

冬瓜

- 抗癌：冬瓜中的膳食纤维含量很高，能降血脂、防止动脉粥样硬化，还能刺激肠道蠕动，使积存在肠道中的致癌物质尽快排泄出去。
- 护心：冬瓜富含蛋白质、脂肪、脲酶、皂苷、B族维生素等，所含脂肪为不饱和脂肪酸，其主要成分为亚油酸，可以降低人体血液中的胆固醇和甘油酸酯，有助于防治冠心病。
- 利尿消肿通便：冬瓜富含多种氨基酸，籽和果皮中氨基酸的含量高于果肉。这些物质能帮助人体解除游离氨的毒害，并有利尿消肿的作用。冬瓜中的粗纤维，能刺激肠道蠕动，使肠道里积存的废物尽快排泄出去。

- 美颜护发：冬瓜含有的葫芦巴碱能促进新陈代谢、抑制糖类转化为脂肪，油酸具有抑制体内黑色素沉积的作用，不饱和脂肪酸可以使皮肤红润光滑、头发乌黑光泽。
- 瘦身：冬瓜含有的丙醇二酸能有效控制体内的糖类转化为脂肪，防止体内脂肪堆积，还能把多余的脂肪消耗掉，防治高血压、动脉粥样硬化，有助于减肥。冬瓜中的膳食纤维含量很高，能有效改善人体血糖水平。
- 清肺排毒：冬瓜肉有利水、清热、化痰、解毒的功效，冬瓜皮有利水消肿、清热解暑的功效，冬瓜籽有清肺化痰、利湿排脓的功效。
- 美颜：冬瓜籽中含有油酸，可抑制体内黑色素沉积，具有良好的润肤美容效果。冬瓜籽所含的蛋白质和瓜氨酸可润泽皮肤，抑制黑色素的形成。
- 清热解暑：冬瓜性寒味甘，可清热生津，避暑除烦，夏日服食尤其可以消水肿。
- 催乳：冬瓜可以增加乳汁分泌。

苦瓜

- 护心：苦瓜富含维生素C，可预防维生素C缺乏病、保护细胞膜、防止动脉粥样硬化、提高机体应激能力、保护心脏等。
- 抗癌：苦瓜中的有效成分可以抑制正常细胞发生癌变并促进突变细胞复原。它富含蛋白质和维生素C，能提高人体免疫力，使免疫细胞具有杀灭癌细胞的作用；苦瓜汁含有某种蛋白成分，能加强巨噬细胞能力，临床上能帮助治疗淋巴肉瘤和白血病。
- 降血糖、降血脂：苦瓜的新鲜汁液，含有苦瓜苷和类似胰岛素的物质，具有良好的降血糖作用，是糖尿病患者的理想食物。

- 瘦身：苦瓜中的苦瓜素被誉为“脂肪杀手”，能令身体减少摄取脂肪和糖分。
- 抗炎：苦瓜中所含的生物碱类物质奎宁，有利尿活血、消炎退热、清心明目的作用。
- 开胃：苦瓜中的苦瓜苷和苦味素能增进食欲，健脾开胃。
- 美颜：苦瓜能滋润干燥的皮肤，有美白和保湿的作用。

西葫芦

- 增强免疫力：西葫芦含有一种干扰素的诱生剂，可以刺激机体产生干扰素，提高免疫力，发挥抗病毒和肿瘤的作用。
- 通便：西葫芦含有比较丰富的膳食纤维、木质素以及一定量的果胶，能促进肠道蠕动，促进消化，进而有利于排便。
- 护肤：西葫芦中含有大量的水分，能起到润泽肌肤的作用。
- 瘦身：西葫芦含有一些特别的物质，比如葫芦巴碱和丙醇二酸，它们是其他瓜类所不具有的，这些物质能够起到调节身体新陈代谢的作用，同时还可以抑制糖类转化为脂肪，因此有助于减肥。

秋葵（又名羊角豆、毛茄等）

- 保护关节及肝肾：秋葵含有果胶和黏多糖等多糖，黏多糖具有增强机体抵抗力、维持人体关节腔里关节膜和浆膜的光滑之作用，可削减脂类物质在动脉管壁上的堆积，避免肝脏和肾脏中结缔组织萎缩等。
- 防癌：秋葵的黏液可保护胃壁，水溶性纤维亦可促进肠胃蠕动，排毒通便，预防大肠癌。秋葵富含的锌和硒等微量元素，可抑制肿瘤生长。
- 补肾：秋葵素有“植物伟哥”的美誉，其含有的特殊的具有药效的成分，能强肾补虚，对男性器质性疾病有辅助治疗作用。

- 抗衰老：秋葵中的锌和硒有抗氧化的作用，经常食用可保持青春。
- 抗炎：秋葵中的植物固醇、多酚类成分，有消炎作用。
- 护眼：秋葵能增加泪液分泌，可有效改善干眼症。
- 润肺：秋葵含有丰富的维生素A，能促进细胞分泌多糖蛋白，滋润细胞膜，同时促进肺部细胞分泌黏多醣，而秋葵中的水溶性纤维也可维持呼吸道及肺部湿润。
- 解疲劳：每100克秋葵可提供150千焦的能量，但脂肪含量仅2%，可以增强身体耐力。秋葵的嫩果实中含有一种黏性液体，以及阿拉伯聚糖、牛乳聚糖、鼠李聚糖、蛋白质，还含有草酸钙等成分，所以对青壮年和运动员而言，经常食用，可消除疲劳、迅速恢复体力。
- 降血糖：秋葵的黏液中含有水溶性果胶与黏蛋白，可以减少人体对糖分的吸收，降低人体对胰岛素的需求，抑制胆固醇吸收，改善血脂，排除毒素。另外，秋葵中富含的类胡萝卜素，可以维持人体胰岛素的正常分泌，以平衡血糖值。秋葵蕴含的异槲皮素，能够抑制双糖酶蛋白（可将淀粉分解成糖被人体吸收）的作用，因此秋葵有降血糖的好处。
- 补血：秋葵含有铁、钙及糖类等多种营养成分，可预防贫血。
- 益肠胃：秋葵含有果胶、牛乳聚糖等，具有帮助消化、治疗胃炎和胃溃疡、保护皮肤和胃黏膜的作用。秋葵分泌的黏蛋白有保护胃壁的作用，并且能促进胃液分泌，提高食欲，改善人体消化不良等症状，治疗胃炎和胃溃疡，防止便秘。
- 通便：秋葵中的果胶有助于体内多余胆固醇的排出，缓解便秘。
- 瘦身：秋葵含水量高，脂肪含量少，还含有维生素A、B族维生素、维生素C和磷、铁、钾、钙、锌、锰等矿物质，而且热量低、膳食纤维含量丰富，食用能增加饱足感。
- 美颜：秋葵有美肌功效，是由于它富含黄酮，具高度抗氧化、防衰老作用，秋葵还富含维生素C、维生素B_1，有助于预防雀斑。秋葵富含维生素C和可溶性纤维，不仅对皮肤具有保健作用，还能使皮肤白嫩有光泽，同时，秋葵富含的类胡萝卜素和β－胡萝卜素，可以保护皮肤免受自由基的伤害。

菠菜

- 增强抗病力：菠菜中的胡萝卜素可转变成维生素A，能维护正常视力和上皮细胞的健康，提高预防传染病的能力，促进儿童生长发育。
- 护心：菠菜含有大量的β－胡萝卜素、维生素B_6、叶酸和钾，这些营养物质可有效预防心脑血管疾病。
- 抗氧化：菠菜所含的叶黄素是类胡萝卜素中的一种，具有抗氧化作用。
- 促进新陈代谢：菠菜中的微量元素，能促进人体新陈代谢，降低中风的风险。
- 稳定血糖：菠菜叶中含有铬和一种类胰岛素样物质，可使血糖保持稳定。
- 补血：菠菜含有丰富的铁及胡萝卜素、维生素C、钙、磷、维生素E等，可防治缺铁性贫血。
- 通便：菠菜含有大量的膳食纤维，具有促进肠道蠕动的作用，利于排便，且能促进胰腺分泌，帮助消化，可防治痔疮、慢性胰腺炎、便秘、肛裂等。
- 抗衰老：菠菜提取物可促进培养细胞增殖，既可延缓衰老又能增强青春活力。

生菜

- 抗癌：生菜中含有的原儿茶酸，能抑制癌细胞活动，尤其对治疗胃癌、肝癌、大肠癌等消化系统癌症效果显著。

- 降血压：生菜中含有的莴苣素等成分能降低人体血液中的胆固醇含量，扩张血管，改善血液循环，是高血压患者的食疗佳品。
- 护肝：生菜还能保护肝脏，促进胆汁形成，防止胆汁淤积，有效预防胆石症和胆囊炎。
- 排毒：生菜可清除血液中的垃圾，具有净化血液和利尿的作用，还能清除肠内毒素，防止便秘。
- 护眼：生菜中的维生素E、胡萝卜素等，能保护眼睛，维持正常视力，缓解眼睛干涩与疲劳。
- 抗病毒：生菜中含有一种干扰素诱生剂，可刺激人体正常细胞产生干扰素，从而产生一种抗病毒蛋白。
- 瘦身：生菜富含膳食纤维和维生素C，可消除多余脂肪，故又叫减肥生菜。将生菜洗净，加入适量沙拉酱直接食用，有利于女性保持苗条身材。
- 镇痛催眠：可辅助治疗神经衰弱等症状。生菜含有的维生素C还能有效缓解牙龈出血。
- 刺激消化、增进食欲、驱寒利尿、促进血液循环

油麦菜

- 降血脂：油麦菜所含的膳食纤维和维生素C，可以降低胆固醇的吸收，降低血脂，对治疗神经衰弱有积极作用。
- 清肝利胆：油麦菜能改善肝脏功能，促进胆汁形成，防止胆汁淤积，有效预防胆汁性肝硬化。
- 清热利尿：油麦菜有下火清热、除烦解渴、利尿消肿之效，口腔溃疡者可以食用油麦菜改善。
- 开胃：油麦菜可以促进消化液分泌，增进食欲。

- 护心：油麦菜可减少心脏和肾脏的压力，对高血压以及心脏病患者有一定的帮助。油麦菜维生素C含量高，而维生素C对于治疗维生素C缺乏病、预防动脉粥样硬化、抗氧化等都有明显效果。
- 安神助眠：油麦菜中的莴苣素，有镇静安神的作用，经常食用油麦菜有助于缓解神经紧张，改善睡眠，改善神经衰弱等。
- 通便：油麦菜中含有膳食纤维，具有润肠通便，预防便秘的作用。
- 瘦身：油麦菜所含的膳食纤维和维生素C，可消除多余脂肪；由于油麦菜可消脂通便，又是低热量蔬菜，因此吃油麦菜也可减肥瘦身。

白菜

- 抗癌：白菜含吲哚-3-甲醇，可分解体内与乳腺癌发生相关的雌激素。女性每天吃 500 克左右的白菜，可降低乳腺癌发生几率；它所含的钼可抑制体内亚硝酸胺的合成，抑制肿瘤生长。常吃白菜可预防胃癌、肠癌、肺癌、食道癌、膀胱癌、前列腺癌、肛门癌。
- 护心：白菜能降低人体胆固醇水平，增加血管弹性，常食可预防动脉粥样硬化和某些心血管疾病。它所含的镁有助于机体吸收钙质，有利于心脏和血管健康。白菜富含钾，有助于将钠排出体外，降低血压。
- 抗炎：白菜中的黄体素、叶黄素、胡萝卜素，有缓解疼痛、治疗消化性胃溃疡的作用。白菜富含钾、铁以及多种维生素，经常食用对人体有很多好处，它能缓解红肿、治疗溃疡，对粉刺等皮肤问题也有很好的效果。白菜富含维生素U，这是一种抗溃疡剂，是生物体所需要的微量成分，且一般无法由生物体自己生成，需要通过饮食等手段获取，主要用于医治胃溃疡和十二指肠溃疡，可保护胃肠道黏膜。
- 通便：白菜含有大量的粗纤维，可促进肠道蠕动，帮助消化，防止大便干燥，促进排便，稀释毒素，且有助于吸收营养。

- 防治糖尿病：白菜除了富含膳食纤维，还富含胡萝卜素、维生素B_1、维生素B_2、维生素C、钙、磷、铁等，能够降低血糖，预防和治疗 2 型糖尿病。
- 瘦身：大白菜热量低而膳食纤维含量高，非常合适减肥。

芹菜

- 抗癌：芹菜是高纤维食物，经肠内消化可产生一种叫木质素或肠内脂的物质，有抗氧化作用，稀稠度高时可抑制肠内细菌产生的致癌物质，同时可加快粪便在肠内的运转速度，减少致癌物与结肠黏膜接触，能预防结肠癌。芹菜可抵消烟草中的部分有毒物质，从而预防肺癌。
- 治高血压：芹菜含酸性的降压成分，有助于治疗高血压。
- 利尿：可有效消除体内钠潴留，有利尿消肿的功效。
- 开胃：芹菜的叶、茎含有挥发性物质，别具芳香，能增强人的食欲。
- 降血糖
- 补血：芹菜含铁量高，能补充女性经血的损失，是缺铁性贫血患者之佳蔬。
- 通便：芹菜富含膳食纤维，可刺激胃肠蠕动，促进排便，进而减少身体对脂肪和胆固醇的吸收，增强减肥效果，并缓解便秘。
- 防痛风：可以中和尿酸及体内的酸性物质。
- 凉血止血：芹菜可缩短凝血时间，芹菜种子提取物对慢性肝病、鼻出血、牙龈出血、月经过多等有较好的辅助治疗效果。
- 瘦身：芹菜中有一种能促使脂肪加速分解、消耗的化学物质，有助于减肥。
- 美颜：芹菜富含抗坏血酸，有助于抗衰老葆青春，常食之使人目光有神，皮肤润泽，面色光华，头发黑亮。

- 提升性欲：芹菜含锌，能促进人的性兴奋，西方称之为“夫妻菜”，曾被古希腊的僧侣列为禁食。对提升房事质量相当管用。

芥蓝

- 抗癌：芥蓝富含硫代葡萄糖苷，其降解产物叫萝卜硫素，是迄今为止在蔬菜中发现的最强有力的抗癌成分。
- 护心：芥蓝能降低胆固醇、软化血管、预防心脏病，从中医角度来讲，芥蓝有利水化痰、除邪热、解劳乏、清心明目的功效。
- 开胃：芥蓝中的有机碱，能刺激人的味觉神经，增进食欲。
- 通便：有机碱可加快胃肠蠕动，有助于消化和治疗饮食积滞症。芥蓝含大量膳食纤维，能防止便秘。
- 清热解毒：芥蓝能清心泻火，清热除烦，能消除血液中的热毒。
- 明目：芥蓝中的维生素A可促进合成视网膜视杆细胞感光物质，对眼睛发育有十分重要的作用。
- 美颜：芥蓝含有极为丰富的蛋白质、钙、胡萝卜素、镁、锌、钠、钾、铜、磷、硒及多种维生素，可清血，促进皮肤新陈代谢，防止色素沉淀，补充皮肤养分，常吃能美白皮肤。

红薯叶

- 提高免疫力：红薯叶富含胡萝卜素，它在体内会转化为维生素A，有助于保护免疫系统免受自由基的攻击，并具有明显抗病作用。
- 护心：红薯叶富含维生素K，可减少发炎和保护血管，包括动脉和静脉细胞。它还有助于防止血管钙化，帮助维持正常的血压，降低心脏病发作和心脏骤停的风险。

- 防治糖尿病：每百克红薯叶含 2.8 克可溶性膳食纤维，可以帮助改善血脂环境，降低糖尿病患者并发高脂血症的可能性。
- 消炎：维生素C具有防止自由基损害细胞的抗氧化性能，可降低食物过敏的几率，预防过敏。其减少发炎的功能有助于减少神经系统变性疾病——例如帕金森病和阿尔茨海默病的发病风险。
- 强化骨骼：维生素K是形成骨骼必备的营养素，能强健骨骼，减少骨骼中钙质流失，并降低骨质疏松发生的可能性。骨折的人食用富含维生素K的食物，可使断骨尽早复原。
- 舒缓生理痛：维生素K具有调节激素的功能，可减轻经前症候群和痛经。维生素K能凝结血液，防止经期出血过多。
- 治癌：维生素K有助于降低罹患结肠癌、前列腺癌、鼻癌、口腔癌和胃癌的几率。研究表明，大量摄取维生素K可帮助肝癌患者增强肝功能。另外，维生素K也有助于减少罹患心血管疾病的机会。
- 护脑：维生素K是合成鞘脂的必须营养素，而鞘脂是形成神经髓鞘的原料，它有着支持大脑结构的作用。此外，维生素K还有防止脑部氧化、避免自由基损伤脑部的功效。
- 护齿：红薯叶富含多种脂溶性维生素，如维生素C、维生素A、维生素D、维生素K，有助于防止牙龈疾病和蛀牙。其所含的矿物质和维生素能消除存在于口腔和牙齿的细菌，避免细菌破坏牙釉质。
- 护眼：维生素A有助于防止黄斑部病变，这是失明的主要原因。研究表明，摄取维生素C、维生素A、锌、维生素E和铜有助于减少 25％黄斑部病变的风险。维生素A还有助于减缓斯特格氏病的发展，这是一种眼部疾病，患者在年轻的时候视力就已经开始下降。
- 护肤护发：维生素A能加快皮肤伤口愈合速度，还可以促进皮肤健康，减少痤疮。它能促使身体合成更多的胶原蛋白，防止皱纹和细纹，有助于保持皮肤年轻。另外，它也能促进头发健康。

茼蒿（又名蓬蒿、蒿菜、蒿子杆等）

- 降胆固醇：茼蒿含有的叶绿素具有降低胆固醇的功效。
- 开胃通便：茼蒿中含有特殊香味的挥发油，有助于宽中理气，消食开胃，并且其所含粗纤维有助于肠道蠕动，促进排便，达到通腑利肠的目的，可治疗慢性肠胃炎和习惯性便秘。
- 抗癌：可抑制肿瘤转移和生长作用。
- 润肺养心：茼蒿富含的维生素、胡萝卜素及多种氨基酸，性味甘平，可以养心安神，润肺补肝，稳定情绪，防止记忆力减退；此外，茼蒿气味芬芳，可以消痰开郁，避秽化浊。
- 利小便、降血压：茼蒿中含有多种氨基酸、脂肪、蛋白质及钠、钾等矿物质，能调节体内水液代谢，通利小便，消除水肿；茼蒿含有一种挥发性的精油以及胆碱等物质，具有降血压、补脑的作用。
- 安神健脑：茼蒿气味芳香，含有丰富的维生素、胡萝卜素及多种氨基酸，具有养心安神、稳定情绪、降压护脑、防止记忆力减退等功效。
- 清肺化痰：茼蒿富含维生素A，经常食用有助于预防呼吸系统感染，润肺消痰。茼蒿特殊的芳香气味有助于平喘化浊。
- 美颜：它能改善肌肤粗糙的状况。

羽衣甘蓝

- 防癌：羽衣甘蓝的叶绿素能有效抑制多种致癌物质，其中硫配醣体更具抗癌功效，可防止肿瘤生长，尤其降低罹患子宫内膜癌和乳腺癌风险。
- 防治慢性病：包括高脂血症、心血管疾病、动脉粥样硬化、糖尿病、水肿、高血压等。
- 强健骨骼及牙齿：羽衣甘蓝富含钙质及维生素K，可预防骨质疏松及龋齿。

- 护眼：羽衣甘蓝含有大量的叶酸，能预防黄斑部病变。它含有的大量β-胡萝卜素，能在体内转换成维生素A，促进视紫质生成，预防夜盲症及缓解眼睛疲劳。
- 护肤、增强免疫力：胶原蛋白约占体内蛋白质的30%，作为细胞与细胞间的黏着剂，维持皮肤、血管与骨骼的健康，而维生素C正是胶原蛋白生成时不可或缺的原料。羽衣甘蓝富含维生素C、β-胡萝卜素，可守护皮肤与黏膜健康，筑起一道防护墙，隔绝病原菌入侵。
- 护肠：羽衣甘蓝富含膳食纤维，能刺激肠道蠕动，防治便秘，且有助于防止肠道吸收代谢废物，令肠道更加健康。同时，膳食纤维有助于体内益生菌繁殖生长，进而改善肠道生态。
- 防衰老：羽衣甘蓝含有多种抗酸化维生素，可抑制因紫外线、压力或吸烟等形成的活性氧物质，修复受损的细胞，进而延缓衰老、预防疾病。
- 补血：羽衣甘蓝的铁含量丰富，能帮助制造血红蛋白。
- 美肌养颜：随着年龄的增长，人体胶原蛋白会逐渐流失，肌肤变得松弛，出现皱纹，因此补充帮助生产胶原蛋白的维生素C十分重要；羽衣甘蓝蕴含极丰富维生素C，能高效合成胶原蛋白，是美肌养颜的重要食品。

紫甘蓝

- 增强免疫力：强壮身体，减少一些流行性疾病发生。
- 防感冒：能够防治感冒引起的咽喉疼痛，减轻关节疼痛。
- 补血：紫甘蓝含有一些天然的微量元素铁与磷，这些物质可以提高人体造血系统的功能，促进血红细胞再生，也能增加血红细胞中的含氧量，可以起到明显的补血作用。
- 抗衰老：紫甘蓝含有的花青素，是最常见的抗氧化物质之一（虽然不是人体必需的营养素），对于预防衰老和相关的疾病很有帮助。紫甘蓝富含的维生素C更是最主要的抗氧化物质。

- 护肤：紫甘蓝含有丰富的硫元素，其主要作用是杀虫止痒，对于各种皮肤瘙痒、湿疹等疾患具有一定疗效，因而经常吃紫甘蓝对维护皮肤健康十分有益。
- 瘦身：紫甘蓝本身是一种低热量食材，食用后不会吸收过多的热量。另外，紫甘蓝中含有大量的膳食纤维，能增加饱腹感，加快肠胃蠕动，促进身体代谢，对减肥有很大的好处。其中的铁元素，能够提高血液中的氧含量，有助于机体内脂肪的燃烧，帮助减肥。
- 美颜：紫甘蓝不但能清理人体内的毒素，还能滋养皮肤细胞、淡化色斑，经常食用能让人的皮肤变得越来越好。

辣椒

- 促进血液循环：由于辣椒具有强烈的促进血液循环的作用，因此可以改善怕冷、冻伤、血管性头痛等症状，又能增进脑细胞活性，有助延缓衰老，缓解多种疾病。
- 治咳嗽感冒：辣椒含有较多的抗氧化物质，可预防癌症及其他慢性疾病；同时，辣椒还可以使呼吸道畅通，帮助治疗咳嗽、感冒。
- 护心：辣椒含有丰富的维生素C，可以预防心脏病及冠状动脉粥样硬化。辣椒还可降低血脂，减少血栓形成，预防心血管系统疾病。
- 健胃、助消化：辣椒对口腔及肠胃有刺激作用，能增强肠胃蠕动，促进消化液分泌，改善食欲。辣椒能刺激人体前列腺素E_2的释放，有利于促进胃黏膜再生，维持胃肠细胞功能，防治胃溃疡。辣椒还能温暖脾胃，对于治疗受寒引起的呕吐、腹泻、肚子疼等特别有效。
- 降血糖：辣椒素能显著降低血糖水平。
- 护肤：辣椒素能缓解诸多疾病引起的皮肤疼痛。

- 瘦身：辣椒含有一种成分，可以通过扩张血管，刺激体内生热系统有效燃烧体内脂肪，加快新陈代谢，使体内的热量消耗速度加快，从而达到减肥的目的。辣椒中丰富的膳食纤维也有一定的降血脂作用。
- 防辐射：红辣椒能够保护细胞的DNA免受辐射破坏，尤其是伽马射线。
- 暖胃驱寒
- 美颜：辣椒能促进体内激素分泌，改善皮肤状况。

甜椒

- 抗氧化：甜椒富含的维生素C、维生素A，都是强力抗氧化物，可中和伤害细胞的自由基，全面促进健康。
- 抗癌：甜椒中的茄红素可以对抗前列腺癌、宫颈癌、膀胱癌和胰腺癌。甜椒里丰富的膳食纤维也可以降低结肠细胞与致癌毒素的接触。除此之外，甜椒里大量的维生素C、β-胡萝卜素、叶酸也可以降低结肠癌的风险。
- 护心：甜椒里有丰富的叶酸和维生素B_6，可以降低同型半胱氨酸。大量的同型半胱氨酸被发现会伤害血管，因此与心脏病、中风有关。甜椒丰富的水溶性纤维也可以降低胆固醇和心脏病的风险。
- 护肺：甜椒富含维生素A，有助于缓解肺气肿。
- 护眼：维生素C和β-胡萝卜素结合后，会形成一张大保护网，对抗白内障。红甜椒富含叶黄素、玉米黄素，能防止导致失明的黄斑退化。
- 补血：红甜椒富含椒红素，能够增加血液中的好胆固醇，改善血液循环，改善动脉粥样硬化以及预防各种心血管疾病；甜椒富含的钾与维生素C、维生素E等结合，能制造出不利于血压上升的环境，同时也能够净化血液。

胡萝卜

- 保护视力：胡萝卜含有大量胡萝卜素，胡萝卜素进入机体后，可转变为维生素A，具有促进眼内感光色素生成的功能，并能预防夜盲症、加强眼睛的辨色能力，也能缓解眼睛疲劳与眼睛干燥。
- 降血压：胡萝卜含有琥珀酸钾盐，有助于防止血管硬化、降低胆固醇及降血压。胡萝卜中的叶酸，能降低冠心病发病几率。吃较多胡萝卜的人群，与吃较少胡萝卜的人群相比，心脏病发病率几乎减少 50%。
- 降糖降脂：胡萝卜含有一些能降低人体血糖的成分，如维生素C、膳食纤维等，还含有槲皮素等能增加冠状动脉血流量的成分。非常适合糖尿病人食用。
- 抗癌：胡萝卜可预防上皮细胞发生癌变；胡萝卜还含有木质素，能提高机体内吞噬细胞的活性，促进吞噬细胞消灭癌变细胞。
- 抗衰老：经常食用胡萝卜能提高机体内的 α－胡萝卜素的稀稠度，有助于健康长寿。
- 通便：胡萝卜富含膳食纤维，具有很强的吸水性，进食胡萝卜后这些膳食纤维在胃肠道内吸水膨胀，可增加饱腹感，减少其他食物的进食量，同时膳食纤维还能促进胃肠道的蠕动，促进排便。
- 瘦身：膳食纤维可减少机体吸收食物脂肪，减肥效果相当好。
- 抗过敏：胡萝卜中的 β－胡萝卜素能有效预防皮肤对花粉的过敏症状以及过敏性皮炎等过敏性疾病。β－胡萝卜素还能调节细胞内的平衡，加强身体的抗过敏能力，从而使身体不易出现过敏反应。
- 美颜：胡萝卜含抗氧化剂胡萝卜素，有减少皱纹、美容养颜的功效。
- 促进婴幼儿生长：维生素A是骨骼正常生长发育的必需物质，是机体生长的要素，有助于细胞增殖与生长。胡萝卜中的维生素A原含量非常高，经常食用胡萝卜可促进婴幼儿的生长发育。

- 补血：胡萝卜富含胡萝卜素，它有造血功能，经常食用能改善贫血或冷血症。胡萝卜含有丰富的钾，对机体电解质的调节至关重要，能维护血压。
- 增强性能力：胡萝卜含抗氧化剂，可以消除体内自由基，间接强化男性的精子质量，增加精子数目。
- 清除重金属：胡萝卜含有的大量果胶可以与汞结合，有效降低血液中汞离子的稀稠度，加速其排出。

甜菜根

- 消炎：甜菜根含超强抗氧化物甜菜红素，可减缓细胞氧化作用，缓解炎症。
- 降血压：甜菜根富含天然硝酸盐，能扩张血管、促进血液循环、稳定血压。
- 益脑：可增加大脑血液流动，有助于大脑保持活力。
- 提升体力：甜菜根的硝酸盐降低运动时的吸氧量，使人较不会感到疲累。
- 补血养颜：甜菜根富含优质的铁和维生素B_{12}，有助于造血，进而起到美颜的作用。
- 清肠胃：甜菜根含大量水溶性纤维和果胶成分，能促进肠胃蠕动，预防便秘。

西红柿

- 抗癌：西红柿富含番茄红素，能降低癌症的发生几率。
- 抗衰老：番茄红素有抗氧化的作用，可以有效减轻紫外线对肌肤的伤害，淡化老年斑、黄褐斑等。

- 提高免疫力：番茄红素能提升人体细胞的杀菌能力，从而增强机体的免疫力。
- 护心：番茄红素能够预防动脉粥样硬化，改善冠心病、高血压等疾病。因为番茄红素可以预防血液中低密度脂蛋白的氧化，所以可以降低心血管疾病的发生风险。
- 保护前列腺：番茄红素主要分布于前列腺、睾丸、肝脏等部位。体内拥有足够的番茄红素，能够预防前列腺炎、前列腺增生等疾病。
- 增强性能力：西红柿含抗氧化剂，可以消除体内自由基，间接强化男性的精子质量，增加精子数目。

芦笋

- 防癌：芦笋含有丰富的抗癌元素之王——硒，能阻止癌细胞分裂与生长，抑制致癌物的活力并加速解毒，甚至使癌细胞发生逆转，刺激机体免疫系统，促进抗体的形成，提高对癌的抵抗力；它含有的叶酸、核酸，能控制癌细胞生长。芦笋有助于致癌物和其他有害物质如自由基的分解，从而减少许多癌症的风险，如骨癌、乳腺癌、结肠癌、喉癌和肺癌。它还含有丰富的可解毒的化合物谷胱甘肽，能消灭致癌物。
- 助消化：芦笋含丰富的膳食纤维，膳食纤维可维持整个消化系统的正常运作，减少腹胀、便秘等问题。
- 强化骨骼：芦笋富含维生素K，对保持高骨密度起着关键的作用；它甚至能修复骨关节磨损，可降低患骨质疏松和关节炎的风险。它含铁量高，有助于保持骨骼强度和关节灵活。此外，它具有抗炎的特性，有助于缓解关节疼痛和关节炎。
- 护心：芦笋抗氧化和抗炎能力特佳，芦笋中的B族维生素有助于保持健康的同型半胱氨酸水平，从而有助于预防严重心脏疾病。富含的维生素K

则有助于预防动脉粥样硬化。

- 护脑：芦笋也可以延缓大脑退化，它的叶酸和维生素B_{12}预防认知障碍；多吃芦笋可降低大脑神经退行性疾病风险，例如阿尔茨海默病、帕金森病和亨廷顿氏病。
- 预防新生儿缺陷：芦笋中的叶酸有助于胎儿神经细胞的形成，降低早产几率。
- 调节血糖：芦笋可以保持血糖水平，控制糖尿病；它所含的B族维生素令人体更方便吸收胰岛素和葡萄糖。它还含有铬，能提高胰岛素的能力，令血液更有效运送葡萄糖进入细胞。
- 利尿：芦笋是天然利尿剂，可促进排尿，加快体内多余的盐分和液体排泄，降低尿路感染等泌尿系统疾病的风险。芦笋利尿的特性也有益于水肿患者，可防止组织液过量积累。
- 护眼：芦笋所含的维生素A可帮助视网膜吸收光线并处理图像，并将它们发送到大脑，缺乏维生素A会加速视力衰退。它还含有类胡萝卜素和玉米黄素，可保护眼睛免于过度暴晒于有害的太阳紫外线而受到辐射损伤。
- 抗衰老：芦笋富含维生素E和脂溶性抗氧化剂，能减少皱纹和细纹，紧致皮肤。还可保护组织免受自由基的损伤，使皮肤看起来年轻又健康。

花菜（亦称菜花、花椰菜）

- 提高免疫力：花菜的维生素C含量较高，不但有利于人体的生长发育，而且能提高免疫力。
- 抗癌：花菜含有萝卜硫素，这是一种已被证明可以杀死肿瘤干细胞从而延缓肿瘤生长的含硫化合物。有些研究人员认为，消灭肿瘤干细胞可能是控制癌症的关键。

- 护肝：花菜可加强血管壁，使其不容易破裂。它富含维生素C，可增强肝脏解毒能力，并提高机体的免疫力，可预防感冒和维生素C缺乏病。
- 护心：花菜中的萝卜硫素能够有效改善血压和肾功能，还可改善DNA甲基化，确保细胞功能正常、基因表达正确，尤其是在易被破坏的动脉内膜（内皮）中。
- 抗炎症：花菜含有丰富的抗炎症营养物质，有助于抑制炎症，这些物质包括吲哚-3-甲醇（I3C），可以在基因水平上起作用，帮助从根本上抑制炎症反应。
- 补脑：花菜富含胆碱，对大脑发育非常重要。怀孕期间补充胆碱可大幅增强胎儿的大脑活动，即可以提升认知能力、学习能力和记忆力。它还能增强儿童脑力、保护儿童及成人大脑（甚至缓解成年后的记忆力减退）。
- 排毒：花菜可帮助身体通过多种方式排毒，其所含的硫代配醣体还能激活解毒酶。
- 助消化：花菜富含膳食纤维，可以帮助消化；又含有萝卜硫素，能防止幽门螺旋螺杆菌在胃部过度生长和过多黏附于胃壁。
- 抗氧化：花菜富含维生素C、β-胡萝卜素、山柰酚、槲皮素、芸香素、肉桂酸等，这些抗氧化剂可帮助细胞抵御活性氧的攻击，减缓组织和器官的损坏。
- 活血：类黄酮除了可以防止感染，还是最好的血管清理剂，能够阻止胆固醇氧化，防止血小板凝结成块，从而降低患心脏病与中风的风险。

西兰花

- 提高免疫力：西兰花的维生素C含量极高，能提高人体免疫力，促进肝脏解毒，增强体质，提高抗病能力。

- 抗癌：西兰花含有多种植物营养素，可抑制癌细胞生长，其所含的膳食纤维有助于肠胃蠕动，促进排便，代谢体内废物，因此可预防大肠直肠癌、胃癌。西兰花含有大量的萝卜硫素，可以预防口腔癌、喉癌等头颈部癌症。
- 解毒护肝：西兰花富含黄酮类化合物、类胡萝卜素、植物生化素等，能帮助肝脏化解各类化学毒素和致癌物。
- 保护血管：西兰花中的维生素K能维护血管的韧性，使其不易破裂。类黄酮除了可以防止感染，还是最好的血管清洁剂。
- 护眼：西兰花所含的抗氧化剂可以避免眼睛受到阳光中紫外线的伤害。
- 护肺：西兰花含有的一种活性化合物莱菔子素能帮助免疫系统清理肺部积聚的有害细菌。
- 美颜：西兰花可以美白肌肤，它富含维生素C，可以预防色素沉淀而产生黑斑。

西芹

- 抗癌：西芹含有的膳食纤维经消化后会产生肠内酯或者木质素，属于抗氧化剂，稀稠度高的时候有抑制癌物质的作用，因而西芹也有抗癌防癌的功效。
- 补血：西芹含有丰富的铁元素，有助于补血养血，减轻贫血症状。
- 助消化：西芹含有的膳食纤维比芹菜多，能促进肠胃蠕动，促进消化及排便。
- 促进骨骼发育：西芹含有丰富的钙元素，可以维护骨骼健康，促进骨骼健康发育。
- 降血压、降胆固醇：西芹含酸性的降压成分和丰富的维生素，可以降低血压，降低胆固醇，适合高血压、高胆固醇患者食用。

- 瘦身：西芹的热量低，而且膳食纤维丰富，饱腹感强，容易遏制食欲，还可以促进肠胃蠕动，促进排便排毒，适合肥胖者食用。
- 美颜：西芹含有丰富的铁元素和维生素，可滋润皮肤、乌发。

紫背天葵

- 增强免疫力：紫背天葵富含锌、锰、维生素E、黄酮类物质等，能提升机体的抗病能力。
- 抗癌：紫背天葵能控制肿瘤生长。
- 清热解毒：紫背天葵具清热解毒、润肺止咳、散瘀消肿、生津止渴之功效，可帮助治疗中暑发烧、肺热咳嗽、伤风声嘶、痈肿疮毒、跌打肿痛等症。
- 止血补血：紫背天葵还有助于治疗咳血、血崩、痛经、支气管炎、盆腔炎及缺铁性贫血等病症。
- 抗病毒：紫背天葵可提高人体抗寄生虫和抗病毒的能力。
- 消肿毒：紫背天葵可祛除毒邪、排脓消肿。
- 补血：鲜嫩茎叶和嫩梢中都含有非常丰富的维生素C和黄酮苷，嫩茎叶中还含有丰富的钙、铁等营养元素，所以能止血抗病。它富含具造血功能的铁、维生素A原、黄酮类化合物及酶化剂锰元素，可解毒消肿，对儿童和老人保健特别有益。它的铁、铜等对治疗一些血液病（如营养型贫血）有很好的疗效。产后妇女多吃，进补效果非常理想。
- 护心：紫背天葵富含黄酮苷成分，可以延长维生素C的作用，减少血管紫癜。
- 化痰止咳：紫背天葵通过祛除痰浊以宣肺止咳，适用于治疗痰浊阻肺所致的咳嗽。
- 清热凉血：紫背天葵具有清热、凉血及泻火的作用，适用于血分证的治疗。

- 抗衰老：抗氧化作用减弱或不能及时清除自由基是人体衰老的一个主要原因。人体内清除自由基的防御体系主要有两套：一是酶防御体系，如超氧化物歧化酶（SOD）、过氧化物酶等；二是非酶防御体系，如维生素C、维生素E、维生素A、黄酮类物质等。紫背天葵含有维生素C，而铁、铜、镁等微量元素又是上述酶的辅基，因此，必然会起到抗氧化和清除自由基的作用，从而达到延缓衰老的目的。
- 治妇科病：女性吃紫背天葵可以帮助治疗妇科炎症。
- 美容养颜

香菜（芫荽）

- 抗病毒：香菜有助于减少EB病毒、带状疱疹、人类疱疹病毒第六型、巨细胞病毒及其他以不同形态呈现的疱疹病毒的数量，对人类免疫缺乏病毒（艾滋病毒）亦有一定抑制作用。
- 抗菌：能击退几乎各种形态的细菌，并将其废弃物排出体外。
- 排毒：能有效去除体内积聚的重金属。
- 活血：香菜具有促进周身血液循环的作用，寒性体质者适当吃点香菜还能改善手脚发凉的症状。
- 健胃驱寒：香菜辛温，含有芫荽油，有祛风解毒、芳香健胃的作用，入肺、胃可解毒透疹，促进人体周身血液循环，故常用作发疹的药物。
- 治疗感冒：身体壮实、体质较好、偶尔感冒的人可以用它来治疗感冒。
- 发汗清热：香菜提取液能刺激汗腺分泌，具有显著的发汗、清热及透疹作用。

山药

- 护心：山药含有大量的黏液蛋白、维生素及微量元素，能有效阻止血脂在血管壁的沉淀，预防心血管疾病，有降血压、安稳心神的功效。
- 健脾益胃、助消化：山药含有淀粉酶、多酚氧化酶等物质，有利于脾胃消化吸收。
- 滋肾益精：因为山药本身含有多种人体所需的营养成分，所以有强健机体、滋肾益精的作用。妇女白带多、尿频等症，皆可服之。
- 益肺止咳：山药含有皂苷、黏液质，有润滑、滋润的作用，故可益肺气，养肺阴，治疗肺虚痰嗽久咳之症。
- 降血糖：山药里面含有黏液蛋白，有降低血糖的神奇作用，可用于治疗糖尿病。
- 助眠

姜

- 抗氧化、抗癌：生姜含有的姜辣素和二苯基庚烷类化合物均具有很强的抗氧化、清除自由基、抑制肿瘤作用。
- 促进食欲：人体唾液、胃液分泌减少，会影响食欲，如果饭前吃几片生姜，可刺激唾液、胃液和消化液分泌，进而促进胃肠蠕动，增进食欲。
- 抗衰老：机体进行新陈代谢时，会产生有害身体健康的氧自由基，攻击细胞膜上的不饱和脂肪酸，产生有毒的脂质以及脂褐质色素——老年斑，氧自由基还会损害体内的核酸、蛋白质、酶类，引起一系列对细胞有破坏性的反应，导致基因突变、细胞癌变和细胞衰老。而生姜中的姜辣素经消化吸收后，能产生一种抗衰老过氧化物歧化酶，抑制体内老年斑的产生和沉积，延缓中老年人细胞的衰老。

- 预防胆结石：生姜所含的姜酚，能抑制前列腺素的合成，并有较强的利胆作用，可预防胆结石的发生和发展。
- 活血、护心：生姜含多种活性成分，具有祛湿活血、清除体内垃圾的作用。据营养学家研究证实，生姜中所含的姜醇是有效的强心剂，有强心、利尿、解毒的功效。生姜中可提取与阿司匹林的水杨酸接近的一种特殊物质，经稀释做成血液稀释剂，可防止血液凝固，不仅效果理想，还不产生任何副作用，另外，对降血脂，特别是降低血液中胆固醇的含量，维护血管的弹性，防止动脉粥样硬化、血栓及心肌梗死也有特殊的疗效。
- 解毒：生姜能起到某些抗生素的作用，尤其是对沙门氏菌效果更好。
- 护肤：生姜提取液具有显著抑制皮肤真菌的功效，可治疗各种痈肿疮毒。
- 驱寒：促进身体新陈代谢，提高体温；令体质寒凉者感到温暖舒服。
- 排汗降温：生姜中的姜辣素对心脏和血管有一定的刺激作用，能加快血液循环，使毛孔张开、排汗量增大，汗液可带走体内的余热，有一定的防暑作用。
- 防治肠胃炎：夏季细菌生长活跃，容易污染食物，引起急性肠胃炎。适当吃些生姜或用干姜加沸水冲泡后饮之，能起到防治肠胃炎的作用。

姜黄

- 抗氧化、抗癌：氧化损伤是身体衰老并最终受到损伤的主要原因，姜黄富含植化素（植物生化素），为我们的身体提供抗氧化剂，有助于保护我们的身体并延缓衰老，另外，还可以抗癌。
- 活脑：姜黄可以缓解阿尔茨海默病症状。很多科学研究证明了其有效性。
- 抗关节炎：姜黄有助于减轻风湿性关节炎和骨关节炎造成的疼痛。

白萝卜

- 增强免疫力：白萝卜含丰富的维生素C和微量元素锌，有助于增强机体的免疫功能，提高抗病能力。
- 抗癌：白萝卜含有木质素，能提高巨噬细胞的活力，吞噬癌细胞。此外，白萝卜所含的多种酶，能分解致癌的亚硝酸胺，具有防癌作用。白萝卜还含有能使人体产生干扰素的多种微量元素，可增强机体免疫力，抑制癌细胞的生长。
- 助消化：白萝卜中的芥子油能促进胃肠蠕动，增加食欲，帮助消化。其辛辣的成分可促进胃液分泌，改善胃肠功能。
- 美颜：白萝卜中的维生素C能防止皮肤老化，阻止黑色色斑形成，保持皮肤白嫩。白萝卜中的植物纤维可以促进肠胃蠕动，消除便秘，起到排毒的作用，从而改善皮肤粗糙、粉刺等情况。

薄荷

- 健脾、保肝、利胆
- 健胃：薄荷可以健胃祛风、祛痰、抗痉挛，改善腹部胀气、腹泻、消化不良、便秘等症状。薄荷油有健胃作用，可帮助治疗实验性胃溃疡。
- 护心：薄荷能降低血压、滋补心脏。
- 消炎：薄荷所含的多种抗炎剂，能抑制3α-羟类固醇脱氢酶而有抗炎作用。
- 镇痛：薄荷中含有薄荷醇等因子，会让人的皮肤产生清凉的感觉，因此可以镇痛、止痒解毒和疏散风热。
- 降温解热：少量薄荷能兴奋中枢神经，使周围毛细血管扩张而散热，并促进汗腺分泌而发汗，因此可降低体温。

- 通气润喉：薄荷能增加呼吸道黏液的分泌，去除附着于黏膜上的黏液，减少泡沫痰，使呼吸道的有效通气量增大。
- 兴奋大脑：饮用含有薄荷成分的饮料能兴奋大脑、促进血液循环。
- 缓解情绪：薄荷的清凉香气，可平缓紧张的情绪，使身心欢愉、帮助入眠。

绿豆芽

- 提高免疫力：绿豆芽中的维生素A可提高人体免疫力，有保健功效。
- 清肠胃、解热毒：凡体质属痰火湿热者，平日面泛油光，胸闷口苦，头昏、便秘、足肿汗黄，血压偏高或血脂偏高，而且多嗜烟酒肥腻者，如果常吃绿豆芽，能清肠胃，解热毒。
- 抗癌：绿豆芽富含膳食纤维，有预防消化道癌症（食道癌、胃癌、直肠癌）的功效。
- 护心：绿豆芽有清除血管壁中胆固醇和脂肪堆积、防止心血管病变的作用。
- 清热解暑：经常食用绿豆芽可清热、解毒、利尿、除湿。
- 减压：绿豆芽具有保护肌肉、皮肤、血管的作用，可消除紧张综合征。
- 抗炎：绿豆芽中含有核黄素和多种维生素，经常食用对口腔溃疡、缺乏维生素B_2引起的舌疮口炎及缺乏维生素C引起的疾病都有辅助治疗作用。
- 通便：绿豆芽富含膳食纤维，可用于防治便秘。
- 美颜：绿豆芽具有抗皱纹、葆青春的功效。
- 瘦身：经常食用绿豆芽，有助于瘦身。

牛蒡（又名大力子、东洋参等）

- 增强免疫力、防治多种疾病：牛蒡可促进人体重要蛋白质骨胶原的合成，提升体内细胞活力。牛蒡苷有扩张血管、降低血压、抗菌的作用，能防治风热感冒、咽喉肿痛、流行性腮腺炎等。

- 抗癌：牛蒡中的膳食纤维可以促进大肠蠕动，帮助排便，降低体内胆固醇，减少毒素、废物在体内的积存，达到预防中风和防治胃癌、子宫癌的作用。牛蒡在体内发生化学反应，可产生 30 种以上物质，其中叶酸能防止人体细胞发生不良变化，防止癌细胞的产生。牛蒡促进体内细胞的增殖，强化和增强白细胞、血小板，使T细胞以 3 倍的速度增长，强化免疫力，提升抗癌效果。牛蒡的多酚类物质具有抗癌、抗突变的作用。
- 瘦身：牛蒡富含的水溶性膳食纤维，可以减缓食物释放出能量，加速脂肪酸的分解，减弱脂肪在体内的聚集，因而有利于瘦身。
- 增强体力：牛蒡含有一种非常特殊的养分叫菊糖，是一种可以促进荷尔蒙分泌的精氨酸，所以被视为有助于人体筋骨发达、增强体力及壮阳的食物。
- 降血压：牛蒡中含有丰富的膳食纤维，可吸附钠，并且能随粪便排出体外，使体内钠的含量降低，从而达到降血压的目的。牛蒡中蛋白质的含量也极高，蛋白质可以使血管变得柔韧，能将钠从细胞中分离出来，并排出体外，也具有预防慢性高血压的作用。
- 护肾：牛蒡苷可抑制尿蛋白排泄，并能改善血清指标，有防治肾病的作用。
- 抗菌：牛蒡子煎剂对金黄色葡萄球菌、星形奴卡氏菌、腹股沟表皮癣菌等均有抑制作用。
- 健脑：牛蒡根含有人体必需的各种氨基酸，具有健脑作用，可以预防阿尔茨海默病。
- 美颜：牛蒡能清理血液垃圾，促进体内细胞的新陈代谢，防止老化，使肌肤美丽细致，还能消除色斑。

玉米

- 抗癌：玉米含有一种名为谷胱甘肽的抗癌物质，能有效阻止产生癌细胞的酸化反应，所以吃玉米对预防癌症有非常重要的意义。
- 护心：玉米可降低人体血液胆固醇含量，对冠心病及动脉粥样硬化有辅助疗效。
- 护胆：食用玉米后，胆汁分泌和排泄速度都明显加快，使胆汁含有的杂质明显减少，所以食用玉米有很好的利胆作用。
- 护眼：玉米中含有的黄体素、玉米黄质，可以有效对抗眼睛老化。
- 补脑：玉米富含的谷氨酸能促进大脑的发育，所以对生长期的儿童具有很高的营养价值。
- 减压：玉米中含有丰富的B族维生素，不仅能促进身体发育和提高免疫力，还能对我们的神经起到一定的调节作用。对于因工作量大导致的神经过于疲劳或者兴奋造成的失眠、多梦、抑郁等症状，有很好的改善作用。
- 通便：玉米中含有丰富的膳食纤维，能促进肠道蠕动，缩短排便周期，使肠道更干净，减少便秘。
- 利尿：玉米含利尿成分，食用玉米可以达到利尿的效果。
- 美颜：玉米含有丰富的维生素E和其他一些抗氧化的营养成分，可以延缓皮肤衰老，让细胞长久地保持活力。

玫瑰花瓣

- 疏肝解郁：用于肝胃气痛所致的胸膈满闷、胃痛、胁肋疼痛、乳房胀痛，以及中毒、风痹等。
- 缓和情绪、调节内分泌：玫瑰花瓣中含香茅醇、橙花醇、香叶醇、苯乙醇及苄醇等多种挥发性香气成分，以及丰富的维生素、挥发油、苦味质、鞣质、有机酸等，可缓和情绪、平衡内分泌。

- 防治妇科病：玫瑰花瓣能和血散瘀、温养血脉，对月经不调、白带异常、妇女更年期综合征等有调养防治作用。
- 美颜：玫瑰花瓣能有效清除自由基，消除色素沉淀，令人焕发青春活力。长期服用，美容效果甚佳。

洛神花（亦称洛神葵、山茄等）

- 增强免疫力：洛神花的浆汁属于微碱性食品，经食用消化、吸收后，可以将酸性体质转化为微碱性，平衡体内的酸碱值，有益于身体健康。
- 缓解疲劳：洛神花饮品适合在酷热的夏天饮用，具有消暑、清热、止渴生津的功效，又能起到消除疲劳的作用。
- 开胃排毒利尿：洛神花茶能促进肠胃蠕动，从而帮助人体消化，并且有排毒和增加排尿量的作用。
- 降血压：洛神花中的木槿酸能帮助人体降低血液中的总胆固醇和甘油三酯含量，从而令血压下降。
- 抗痉挛：洛神花可减少肠及宫颈痉挛。
- 驱虫：洛神花可清除肠胃内的寄生虫。
- 补血：洛神花能促进血液循环，加快血液新陈代谢和造血，从而起到活血补血的作用。
- 瘦身：可促进胆汁分泌以分解体内多余脂肪，去水肿。
- 美颜：洛神花具有消斑美容的功效；它所含的蛋白质、维生素A、维生素C、苹果酸等物质，能帮助消除体内黑色素沉淀，并能将黑色素排出。

干果及其他（25种）

椰枣

- 治肝病：椰枣具有排毒功效，可清理肝脏里的毒素和重金属。饮用椰枣汁也可治疗扁桃体发炎以及感冒、发烧。
- 护眼：椰枣富含胡萝卜素，可令眼睛得到抗氧化物质的保护。
- 加速复原：椰枣富含蛋白质和锰、钙、钾等，可令伤病早愈。
- 强壮骨骼牙齿：椰枣中的钙和磷能令骨骼牙齿健康，保证心脏和神经系统运作正常。
- 护心：椰枣富含膳食纤维，可清洗肠道积垢、降胆固醇，并降低心脏病发作风险。
- 提升活力：椰枣富含果糖，可为身体提供能量。
- 满足甜瘾：椰枣的糖分有益，纤维量大，可令人较长时间不馋甜品。
- 调节激素：椰枣富含锰，可令人体激素分泌正常，情绪平稳，全身运作良好。
- 助产催乳：椰枣可在分娩时刺激子宫，有利于孕妇分娩。子宫是一个相对大的肌肉器官，在生产过程中需要大量的糖分，所以孕期的女人食用椰枣十分有好处，分娩时可以清理肠胃并为孕妇增添动力，从而顺利生产。椰枣含有丰富的膳食维素和钙，能促进泌乳素的分泌，被奉为催奶圣品。
- 通便：椰枣有助于肠道健康，且因富含膳食纤维，可以通便。
- 改善性功能：椰枣汁可用于强壮心脏，也能治疗性功能低下。
- 瘦身：椰枣富含的多种营养素不仅能够满足人体的营养需求，而且能抵御饥饿感。减肥就是在抵制饥饿感的同时迅速消耗体内聚集的脂肪和糖类。饿时吃椰枣，饥饿感马上就消失，可以减少进食其他食物，有助于体内脂肪和糖类的消耗，因此有利于减肥。

红枣

- 补气养血：红枣为补养佳品，日常膳食中加入红枣可滋养气血，增强免疫力。红枣富含钙和铁，对防治骨质疏松和贫血有重要作用，中老年人经常会骨质疏松，生长发育高峰的青少年和女性容易发生贫血，红枣对他们会有十分理想的食疗作用。
- 抗癌：红枣还含有能抑制癌细胞甚至可使癌细胞向正常细胞转化的物质。
- 防胆石：鲜枣中丰富的维生素C，可使体内多余的胆固醇转变为胆汁酸，胆固醇少了，结石形成的几率也就随之降低。
- 健脾益胃：脾胃虚弱、腹泻、倦怠无力的人，吃枣可增进食欲及止泻。
- 安神：红枣可起到缓和情绪、舒肝解郁的作用。

腰果

- 提高免疫力：腰果富含蛋白质、不饱和脂肪酸及维生素A、B族维生素、维生素E，可协助强身健体、提高免疫力、增加体重。
- 利尿消肿：腰果有助于清除体内的毒素和多余水分，促进体内血液、水分循环，有利尿、消水肿的作用。
- 保护血管、降血压：腰果中的某些维生素和微量元素有很好的软化血管的作用，可以保护血管弹性，维持血管健康，因此对防治心血管疾病大有益处。
- 通便：腰果中含有非常丰富的优质油脂，可以润肠通便、缓解便秘、促进毒素的排出。
- 补充体力、消除疲劳：腰果中的维生素B_1含量仅次于芝麻和花生，可补充体力、消除疲劳，非常适合容易疲倦的人食用。

- 防衰老：腰果中的不饱和脂肪酸能够防止老化，让肌肤滋润饱满、美白，使人变得年轻。腰果还富含天然抗氧化剂维生素A，可以防止皮肤老化。
- 美颜：腰果含有维生素E，能抑制痤疮。腰果另含有大量胡萝卜素，可维持皮肤细胞组织的正常功能，促进皮肤新陈代谢，保持皮肤润泽细嫩。
- 护心：腰果含多种单不饱和脂肪酸和多不饱和脂肪酸，其中亚油酸有预防动脉粥样硬化、心血管疾病、中风及心脏病的作用。
- 强化骨骼：腰果是少数富含铜的食物。摄取足量的铜有助于增加胶原蛋白和弹性蛋白，这两种蛋白是构成骨骼的主要成分。铜摄取不足，会导致关节功能下降、骨质密度降低。此外，腰果中的镁可帮助骨骼吸收钙质保护关节，预防骨质流失、骨质疏松。
- 增加乳汁：腰果富含蛋白质、脂肪，可以催乳，适合产后母乳分泌不足的女性食用。

杏仁

- 抗癌：杏仁能抗肿瘤，主要是由于苦杏仁中含有一种生物活性物质——苦杏仁苷，可以进入血液专杀癌细胞，而对健康细胞则没有作用，因此可以改善晚期癌症病人的症状，延长病人生存期。同时由于含有丰富的胡萝卜素，因此可以抗氧化，防止自由基侵袭细胞，进而预防肿瘤。
- 预防慢性病：杏仁能够降低人体内胆固醇的含量，还能显著降低心脏病和多种慢性病的风险。
- 护眼：杏仁熬水洗眼可以治疗红眼病。杏仁还能治疗翳膜遮障。
- 防治咳嗽气喘：杏仁含有苦杏仁苷，这种物质对呼吸中枢有抑制作用，起到镇咳、平喘的作用。

- 滋润肺部：苦杏仁能润肺，可治疗肺痛、咳嗽等疾病。甜杏仁和日常吃的干果大杏仁偏于滋润，有一定的补肺作用。
- 助消化：杏仁味苦下气，且富含脂肪，能润肠通便。
- 护肤：杏仁还有美容功效，能促进皮肤微循环，使皮肤红润光泽。
- 抗衰老：杏仁能抗衰老是因为它除了含有普通坚果中的不饱和脂肪酸和维生素之外，还富含硒这种微量元素。
- 瘦身：杏仁不仅蛋白质含量高，其所含的大量膳食纤维还可以让人减少饥饿感，这就对保持体重有益。

核桃

- 补脑：核桃中所含的微量元素锌和锰是脑垂体的重要成分，常食核桃有益于大脑的营养补充。
- 抗衰老：核桃的维生素E含量高，当中含抗氧化营养素，有助于防止细胞老化，亦能减缓皮肤老化，延缓记忆力衰退。
- 防治神经衰弱：核桃可以充当神经衰弱的治疗剂，对于头晕、失眠、心悸、健忘，常吃可以起到一定的防治作用。
- 消炎杀菌：核桃具有收敛、消炎、抑制渗出和止痒的作用，可用于治疗皮炎、湿疹，疗效良好。
- 护心：核桃具有多种不饱和脂肪酸，能降低胆固醇含量。
- 护发：核桃具有乌发、润发的作用。
- 护肾：核桃有补肾（治肾虚腰痛）、整肠（治脾胃虚弱）、强化脚部及腰部力量的作用，也可以帮助产后妇女恢复体力。
- 助眠：核桃含丰富的褪黑激素，能帮助入睡，亦有助于清除对身体有害的自由基。
- 美颜：核桃因为脂肪含量高，可使体形消瘦者增胖，使皮肤粗糙、干燥者的皮肤变得润泽、细腻、光滑，富有弹性。

黑芝麻

- 护发：头发毛囊中黑素细胞分泌黑色素减少是白发的主要原因，其中酪氨酸酶数量减少是病理机制之一，黑芝麻能增加酪氨酸酶，黑色素的合成量也就得以提高，白发因此可以重新变乌黑。
- 降血压：黑芝麻中钾含量丰富，钠含量则少很多，钾钠含量的比例接近40：1，这对于控制血压和保持心脏健康非常有利。
- 养颜润肤：黑芝麻富含天然维生素E，其含量高居植物性食物之首，维生素E是良好的抗氧化剂，适当补充可以起到润肤养颜的作用。
- 抗衰老：黑芝麻富含各种营养，经常食用能延缓衰老。
- 提高生育力：黑芝麻富含维生素E，它除了具有良好的抗氧化作用之外，还能改善人体的生育功能。
- 通便：有习惯性便秘的人，肠内存留的毒素会伤害肝脏，也会造成皮肤的粗糙。黑芝麻能滑肠治疗便秘，并具有滋润皮肤的作用。
- 瘦身：黑芝麻中含有防止人体发胖的物质如卵磷酯、胆碱、肌糖，因此黑芝麻吃多了也不会发胖。

无花果（又名天生子、文仙果等）

- 提高免疫力：无花果含有大量的糖类、脂类、蛋白质、纤维素、维生素、无机盐及人体必需的氨基酸等，可有效补充人体所需营养，增强机体抗病能力。
- 抗癌：无花果富含膳食纤维，其中的果胶和半纤维素吸水膨胀后能吸附多种化学物质，使肠道内各种有害物质被吸附排出，从而净化肠道、促进有益菌类在肠道的繁殖，起到抑制血糖上升、维持正常胆固醇含量、排除致癌物质的作用。

- 治痔疮
- 健脾消食、润肠通便：无花果含有丰富的酶类，能帮助消化及促进食欲，又因其含有多种脂类，故具有润肠通便的作用。
- 降血脂、降血压：无花果含有的脂肪酶、水解酶等有分解和降低血脂的功能，故可起到降血压、预防冠心病的作用。
- 增活力：无花果含有丰富的氨基酸，对防治白血病和恢复体力、消除疲劳有很好的作用。
- 利咽消肿：无花果中含有柠檬酸、延胡索酸、琥珀酸、苹果酸、丙乙酸、草酸、奎宁酸等物质，可利咽消肿。

桂圆干

桂圆干即桂圆肉、龙眼干，古称龙目，又名圆眼、福圆、益智等。

- 抗癌：桂圆干富含维生素A、维生素C、维生素E，可抑制癌细胞。
- 养颜护肤：能增强皮肤张力、消除皱纹。
- 提高免疫力：蛋白质是维持免疫机能最重要的营养素，是构成白细胞和抗体的主要成分，桂圆干具有抗氧化成分，能延缓衰老。
- 养血安胎：桂圆干含铁及维生素比较多，可减轻宫缩及下垂感，对于孕妇及胎儿的发育有利，具有安胎作用。
- 降脂护心、延缓衰老：桂圆干可降血脂，增加冠状动脉血流量。
- 抗衰老：桂圆干可抑制与衰老过程有密切关系的黄素蛋白——B型单胺氧化酶（MAO-B）。
- 安神定志：桂圆干含有大量的铁、钾等元素，能促进血红蛋白的再生以治疗因贫血造成的心悸、心慌、失眠、健忘。桂圆干富含烟酸，可用于治疗烟酸缺乏造成的皮炎、腹泻、痴呆甚至精神失常等。

- 护脑补气：桂圆干含丰富的葡萄糖、蔗糖及蛋白质等，含铁量也较高，可益气补血，既提高热能、补充营养，又能促进血红蛋白再生以补血。桂圆干除对全身有补益作用外，还对脑细胞特别有益，能增强记忆、消除疲劳。

松针（粉）

- 松针可防治或改善失眠、心脏病、动脉粥样硬化、便秘、感冒、糖尿病、性功能减退、高脂血症、青春痘、肥胖、心肌梗死、哮喘、中风口斜、牙痛、口臭、噤声失语、阿尔茨海默病、宿醉、反胃、晕车船、急性胃炎、过敏性鼻炎、肩周炎、风湿关节痛、颈椎病、下痢、夜盲症、慢性气管炎、体虚等。
- 抗辐射：松针具有极强的清除自由基的能力。
- 提高免疫力：松针能维持免疫机能。
- 降脂降血压：松针能使血压更易控制，并使毛细血管扩张，血黏度降低，微循环改善。
- 软化血管：能软化和保护血管，增加血管弹性，使人身体组织年轻化。

山楂

- 强心、降血脂、降血压：山楂能降低血清胆固醇及甘油三酯，有效防治动脉粥样硬化；山楂还能通过增强心肌收缩力、增加心排血量等，起到强心和预防心绞痛的作用。山楂中的总黄酮有扩张血管和持久降压的作用，特别适合高脂血症、高血压及冠心病患者多饮用。
- 治疗痛经、调月经：山楂具有活血化瘀的作用，是血瘀型痛经患者的食疗佳品。

- 开胃：山楂含解脂酶，对于脂肪含量高的食物具有很好的消化作用，可有效促进胃液分泌，显著提高消化能力。
- 治腹泻：山楂中有平喘化痰、抑制细菌、治疗腹痛腹泻的成分。
- 抗衰老：山楂所含的黄酮类和维生素C、胡萝卜素等能阻断并减少自由基的生成，能增强机体的免疫力、延缓衰老，也可抗癌。
- 美颜：山楂能消除油腻，促进肠胃蠕动，排出体内毒素，让肌肤更健康通透。

奇亚籽

- 提升活力：可供应大量能量，令精力充沛。
- 通便清肠排毒：奇亚籽通过肠道时不断吸入周围的毒物，能将长年积存的垃圾扯出来，一并排出，从而改善消化。
- 防治糖尿病：有助于稳定血糖。
- 加速伤口愈合：可促进诸如运动导致的皮肤破损、分娩时发生的阴道撕裂、刀伤等伤口的愈合。
- 瘦身：热量低但食用后饱腹感强，与一般食物相比，同等分量所含卡路里不及一半。

亚麻籽

- 提高免疫力：食用亚麻籽可以修复免疫系统，由内而外地治愈和预防疾病，对纤维肌痛和其他免疫系统疾病均有所帮助。亚麻籽所含的Omega-3 脂肪酸和木脂素能增强免疫细胞，特别有助于治疗自身免疫疾病，如红斑狼疮和类风湿性关节炎等。

- 抗炎：炎症往往是由于缺乏Omega-3 脂肪酸引起的，亚麻籽中的Omega-3 脂肪酸有助于消除炎症。亚麻籽对预防器官组织发炎有很大帮助，其中包括脑膜炎、腱炎、扁桃腺炎、胃炎、回肠炎、结肠炎、动脉炎、静脉炎、前列腺炎、肾炎、脾炎、肝炎、胰腺炎、耳炎等。
- 抗癌：亚麻籽能阻止肿瘤形成新的血细胞，Omega-3 脂肪酸可抑制肿瘤生长扩散。
- 护心：亚麻籽可以降低胆固醇，从而显著减少心脏病发作。木脂素通过白细胞黏附到血管防止动脉斑块沉积，亚麻籽的 α－亚麻酸（ALA）可保护血管炎性损害。ALA 还可降低血压，减少心脏病发。
- 降血糖：亚麻籽富含 α－亚麻酸、蛋白质和膳食纤维，这些都可以控制血糖。亚麻籽还含有可溶性和不可溶性纤维，前者可以通过小肠减缓葡萄糖的吸收从而有助于降低血糖水平，减少糖尿病并发症如肾衰竭的风险，并减少心脏疾病、中风的风险等。
- 抗抑郁：亚麻籽包含必需脂肪酸，可改善脑功能。Omega-3 可减少身体受压力时所产生的有害生化学物质的影响，有助于稳定情绪、保持平静心态、减少抑郁症及失眠症。
- 助消化：亚麻籽含可溶性和不溶性纤维，可促进肠道蠕动。纤维的黏液质也更帮助肠道吸收养分。可溶性纤维在水中溶解，并创建一种凝胶状物质，保持胃满的时间较长。纤维和黏胶易软化，这使得它通过结肠更容易，这样可以减轻疼痛和不适引起的便秘。
- 消炎：凭借其高Omega-3 含量，亚麻籽还可以改善发炎导致的消化功能紊乱。Omega-3 脂肪酸是天然的抗炎剂，可以减少如肠易激综合征（IBS）所带来的痛苦。
- 缓解更年期症状：亚麻籽中的木脂素具有雌激素特性，可减少情绪波动和阴道干涩症状。所含的木酚素等激素，则可以稳定体内雌激素和孕激素的比例。亚麻籽还可以稳定月经周期，提高生育能力。那些脂肪酸可阻断前列腺素产生，这类激素如在月经期间过量释放，可导致大量出血。

- 缓解潮热：亚麻籽富含植物雌激素，有助于缓解人体雌激素起伏变化导致的潮热症状。
- 治水肿：帮助肾脏排除钠和水分。
- 益肝益脾：亚麻籽能调节前列腺素，提升肝脏、胰脏及脾脏功能，令身体代谢运作正常。
- 通便：改善肠道功能，增加吸收能力，增加肠的蠕动能力使排便正常，减少便秘。
- 减少过敏：Omega-3 有助于减轻过敏反应。
- 瘦身：亚麻籽吃后饱腹感很强，有助于减少进食，达到减肥效果。亚麻含有锌、钾、镁和B族维生素，这些都可减轻体重。
- 益发：Omega-3 脂肪酸可滋养头发毛囊，使它们强壮健康，还能增加头发的弹性，使其不易断裂。亚麻籽的维生素E可滋养发根和头皮，防止秃头，还可以治疗与牛皮癣有关的脱发。
- 护肤：亚麻籽包含几种亲肤的营养成分，可以帮助改善皮肤健康。亚麻籽能提高机体的天然油脂分泌，保持皮肤柔软，保养滋润肌肤，延缓皱纹出现。

火麻仁

又称为麻仁，一种药食同源的食材/药材。中医历来采用它作为润肠通便、滋养补虚的处方。

- 提高免疫力：提高身体抗病能力。
- 抗癌：可以减少肿瘤生长。
- 护心：可降血压及胆固醇，大大降低中风几率。

- 消炎：消除身体各种炎症，预防多种疾病。
- 加速康复：加快所有病症、创伤、做电疗引发的后遗症的康复。
- 改善血液循环：加速新陈代谢，兴旺气血，使手足不再冰冷。
- 益脑：火麻仁中的大麻二醇可减轻各种脑部疾病，包括神经问题。还可以延缓脑部退化。
- 通便：火麻仁富含膳食纤维，可促进肠道蠕动。
- 瘦身：火麻仁富含膳食纤维，令人有饱足感，减少暴食。
- 美颜：消除各种皮肤疾病，有很好的美白功能。
- 益发：火麻仁中的油脂能促进毛发细胞生长。

枸杞子

- 提高免疫力：食用枸杞子可以扶正固本去邪，增强人体机能，并提高机体的抗病能力。
- 活脑：枸杞子具有改善大脑的功能，可增强人的学习记忆能力。
- 降血脂、降血压：食用枸杞子可以显著降低血清胆固醇和甘油三酯的含量、减轻和防止动脉粥样硬化、治疗高血压。
- 抗癌：枸杞子对癌细胞的生成和扩散有明显的抑制作用，当代实验和临床应用的结果表明，枸杞叶代茶常饮，能显著提高和改善老人、体弱多病者和肿瘤病人的免疫功能和生理功能，具有强壮机体和延缓衰老的作用。枸杞子中含有的微量元素——锗，可明显抑制癌细胞，使癌细胞完全破裂，可减轻癌症患者化疗的副作用，防止白细胞减少，调节免疫功能。
- 护眼：枸杞子可明目，民间也习用枸杞治疗慢性眼病。
- 抗疲劳：枸杞子能显著增加肌糖原、肝糖原的贮备量，提高人体活力，有抗疲劳的作用。
- 补血：枸杞子有明显促进造血细胞增殖的作用，可以使白细胞数增多，增强人体的造血功能。

- 抗衰老：枸杞子富含维生素C和β－胡萝卜素等，能有效增强各种脏腑功能，改善大脑功能和对抗自由基，具有明显的延缓衰老的作用。
- 壮阳：枸杞子能显著提高人体中血浆睾酮素含量，可提高男性性功能，作为滋补强壮剂防肾虚及肝肾疾病效果甚佳。枸杞子对于少精症有提高精子数目和精子活力的作用，因此可以帮助治疗男性不育症。
- 降血糖：由于枸杞子含有胍的衍生物，可以降低血糖，因此可以作为糖尿病人的保健品。
- 缓解过敏性炎症：枸杞子对过敏引起的胃肠道出血、关节疼痛等症状有缓解作用，这些作用是通过调节内分泌实现的。
- 护肝：枸杞子的有效成分枸橼酸甜菜碱可帮助治疗慢性肝炎、肝硬化等肝脏疾病。
- 瘦身：可以减轻体重，治疗肥胖症。
- 美颜：枸杞子可以提高皮肤吸收养分的能力，还能起到美白皮肤的作用。枸杞对银屑病有明显疗效，对其他皮肤病也有不同程度的疗效。

肉桂（别名玉桂、上玉桂等）

- 提高免疫力：桂皮的传统用途是作为治疗普通感冒的药物，因为它被认为可以通过多种方式刺激免疫系统。
- 治糖尿病：有助于餐后血糖调节。
- 改善肠道生态：桂皮长期以来被用来帮助治疗各种各样的胃肠道疾病，比如恶心、胀气等。
- 帮助消化：肉桂含有桂皮油，能刺激胃肠黏膜，有助于提升消化功能，缓解胃肠痉挛性疼痛，增加胃液分泌，促进胃肠蠕动，排除消化道积气，兴奋神经血管，促进血液循环，并使体温上升。

- 抑制细菌：现代药理研究发现，肉桂中的儿茶素，能改善恶心、呕吐的症状；花青素对于改善毛细血管渗透性功能相当有效；香叶草醇和丁香酚，则可抑制细菌滋生。

海带芽

海带芽即裙带菜的叶片。

- 降血压：海带芽中的氨基酸及钾盐、钙元素可降低人体对胆固醇的吸收，降低血压。
- 降血脂：海带芽含有大量的不饱和脂肪酸和膳食纤维，能清除附着在血管壁上的胆固醇，并调顺肠胃，促进胆固醇排泄。
- 抗癌：海带芽含有多种可抑制癌细胞活动的物质，而且还富含硒，具有防癌的作用。
- 提高免疫力：海带芽能提高机体的免疫力和抵抗力。
- 降血糖：海带芽中含有极为丰富的岩藻多糖，它是一种水溶性膳食纤维，糖尿病患者食用后，能延缓胃排空和食物通过小肠的时间，如此，即使在胰岛素分泌量减少的情况下，血糖含量也不致上升，有助于治疗糖尿病。
- 利尿消肿：海带芽上常附着一层白霜似的白粉——甘露醇，它是一种贵重的药用物质，具有降低血压、利尿和消肿的作用。
- 护心：海带芽中含有大量的多不饱和脂肪酸EPA，能使血液的黏度降低，防止血管硬化，因此常吃海带芽能够预防心血管方面的疾病。
- 消除乳腺增生：海带芽中大量的碘可以刺激垂体，使女性体内雌激素水平降低，恢复卵巢的正常功能，纠正内分泌失调，消除乳腺增生的隐患。
- 护发：海带芽中的碘极为丰富，它是体内合成甲状腺素的主要原料，而头发的光泽就是由于体内甲状腺素发挥作用而形成的。
- 瘦身：海带芽含有大量的膳食纤维，可以增加饱腹感，而且海带芽脂肪含量非常低，热量少，是减肥的理想食物。

- 葆青春：海带芽富含钙元素与碘元素，有助于甲状腺素合成。这两种食物搭配，有延缓衰老的作用。

紫菜

- 增强免疫力：紫菜所含的多糖可明显增强人体的细胞免疫和体液免疫功能，可促进淋巴细胞转化，提高人体的免疫力；可显著降低血清胆固醇的总含量。
- 抗癌：紫菜的有效营养成分能够防治乳腺癌、脑肿瘤、甲状腺癌、恶性淋巴瘤等。
- 益脑：紫菜富含胆碱和钙、铁，能增强记忆力。
- 补血：胆碱和钙、铁等微量元素能帮助治疗女性和幼儿贫血。
- 强化骨骼、护齿：紫菜中富含的胆碱和钙、铁等微量元素能令骨骼和牙齿更健康。
- 治水肿：紫菜还含有甘露醇，可帮助治疗孕期水肿。

味噌

- 增强体质、预防多种疾病：常吃味噌能预防肝癌、胃癌和大肠癌等，还可以抑制或降低血液中的胆固醇，抑制体内脂肪的积聚，有改善便秘、预防高血压及糖尿病等功效。长期食用味噌可明显改善消化吸收，使血压正常、衰老减慢、排毒较佳、体内胆固醇正常、中风风险降低，还可抵消日常环境污染物（如辐射、香烟、污浊空气）的侵害。
- 活化肠道：未经高温处理的味噌是适合生食的食物，含有多个菌种的天然消化酶，能改善肠胃内生态，增加有益菌的比例，令身体健康。

- 使血液保持微碱性：味噌有中和血液中过量酸性物质的作用，是维护健康的重要元素。
- 抵消辐射：味噌有助于对抗辐射。接受过放射治疗的癌症病人及在吸烟或污染严重的环境中工作或居住者，特别需要多饮用味噌汤。

水克菲尔

水克菲尔是英语kefir的音译（也译为克菲尔、开菲尔），是一种发酵饮料。它主要有两种：用牛奶培育而成的叫奶克菲尔（milk kefir），用水培育而成的叫水克菲尔（water kefir）。

水克菲尔是由多种有益菌和酵母菌以自身制造出的多糖为母体结合而成的发酵菌，这些益生菌主要用三种方法保护我们：

1. 维持肠道功能正常。
2. 增强免疫力及自愈力。
3. 制造身体必需的维生素。

天天喝水克菲尔可帮助改善很多健康问题，包括免疫力低下、焦虑、神经紧张、过敏症、溃疡、哮喘、气喘、心肌梗死、支气管炎、贫血、高血压、低血压、湿疹、皮肤过敏、皮炎、胆脏问题、肝脏问题、肾脏问题、膀胱炎等，并增强抵抗力、改善消化及营养吸收功能、改善腹泻及便秘问题、预防骨质疏松、预防癌症等。

椰子花糖（椰子糖、椰糖）

椰子花糖是由椰子花汁液萃取出来的糖分，是印度尼西亚等东南亚国家最主要的食糖。而椰子花蜜是由椰子花糖加工而来，形态如糖浆。

- 低升糖指数：椰子花糖在各种糖类中是升糖指数最低的，它的升糖指数只有 35（而白砂糖的升糖指数是 110、黑糖升糖指数是 99）。
- 富含矿物质：椰子花糖不像白砂糖、冰糖经过精炼，而是慢火熬煮椰子花汁所凝结的糖粒，过程中仅除去水分，保留下许多精制糖所没有的矿物质。椰子花糖含有的矿物质包括：磷、钾（含量比精制糖多 400 倍）、氮、镁、锰、铜、锌、铁、钙、硼、硫、钠和氯。
- 富含氨基酸：椰子花糖没有经过繁复的加工过程，因此保留了椰子花液中16种氨基酸，主要包括：谷氨酸（glutamic acid）、天冬氨酸（aspartic-acid）、苏氨酸（threonine）、丝氨酸（serine）。
- 富含B族维生素：椰子花糖含有丰富的B族维生素，包括高含量的维生素 B_8（肌醇）。椰子花糖还含有硫胺素、核黄素、叶酸、胆碱、吡哆醛、对氨基苯甲酸、泛酸、烟碱酸，甚至还有植物中稀有的维生素 B_{12}。
- 富含维生素C：椰子花糖有高含量的维生素C。
- 富含短链脂肪酸：椰子花糖含有丰富的可溶性纤维。可溶性纤维在肠道中发酵后会产生短链脂肪酸。

螺旋藻

螺旋藻是单细胞植物，是地球上最早出现的植物，原产于淡水湖，在显微镜下呈螺旋状，故取名螺旋藻。

- 排毒：螺旋藻中丰富的叶绿素可以协助人体排除有害化学物质、重金属等污染物，并清除肠毒素，保护肝脏细胞免被毒素干扰，加速身体排毒，减轻代谢废物对肾脏的负担。
- 护肤：当代谢废物堆积至皮肤组织时，很容易造成肤色喑哑及产生色斑。螺旋藻富含微量矿物元素与超氧化物歧化酶，为细胞提供基本免疫力，抑制细菌生长，促进皮肤细胞的新陈代谢并增强细胞活力，令肌肤保持健康。而螺旋藻中的叶绿素、β-胡萝卜素、γ-亚麻酸及多种维生素，可调节脂肪代谢，使脂肪代谢障碍产生的有毒物质能透过皮肤排出体外。螺旋藻还能有效纠正身体内分泌系统紊乱，减少皮肤黄褐斑、痤疮及老年斑，促进头发生长，防止毛囊角质化及皮肤干燥，使皮肤保持弹性、光泽和红润。

- 葆青春：螺旋藻中的β-胡萝卜素、维生素E、γ-亚麻酸能抗衰老；维生素E和维生素C具有抗氧化作用；超氧化物歧化酶（SOD）可有效清除体内自由基，促进人体机能正常化，促进人体新陈代谢，延缓性腺萎缩，防止动脉粥样硬化，延缓衰老。螺旋藻更含有珍贵的DNA-RNA，它们是主宰细胞增生、修护与新陈代谢的关键物质，对身体机能有赋活的作用。借由补充螺旋藻可使人们轻松补充到DNA-RNA的营养，不但可以减缓生理老化现象，还能使细胞的新陈代谢充满活力与朝气。
- 瘦身：螺旋藻是高蛋白、低热量、低脂肪、不含胆固醇的健康营养食品，如结合健康饮食，多做运动，可以起到安全减肥的作用。螺旋藻富含铁，因此在减肥过程中不会发生缺铁造成的贫血现象。
- 加速各种疾病康复：螺旋藻含丰富的硒，能有效增强淋巴细胞和巨噬细胞清除细菌的能力，并可促进免疫球蛋白的生成，提高身体免疫力。螺旋藻可溶解血液里积聚的脂肪，减少血管淤塞，预防心脏病，亦可加速伤口痊愈，减轻辐射污染引起的疾病，防治癌症、关节炎、白内障等病症。
- 防治缺铁性贫血：缺铁性贫血是现今最普遍的贫血病，这是一种营养缺乏病，患者因缺乏铁质而造成血红素的合成有缺陷，而螺旋藻富含血红素合成过程中必需的多种原料，如优质的铁、蛋白质及氨基酸，因此对缺铁性贫血有很好的疗效。

啤酒酵母

啤酒酵母是指用于酿造啤酒的酵母。

- 治糖尿病：啤酒酵母粉除了提供丰富的B族维生素、氨基酸、多种维生素、矿物质外，其所含的有机铬对糖尿病人的帮助较大。许多欧美的新陈代谢科医生，也都会建议病患补充含铬食物来改善2型糖尿病。借由补充啤酒酵母粉获得优质的有机铬，可有效降低血糖，而且无副作用。
- 抗癌：啤酒酵母粉含有的丰富营养物质与抗氧化元素硒，以及易消化的蛋白质，可提升体力与免疫力。对于许多正在进行癌症放射治疗或化学疗法的人而言，补充啤酒酵母粉可改善、增强免疫系统。
- 抗衰老：啤酒酵母粉富含的DNA及RNA，为促进蛋白质生长的重要关键物质，是细胞抗衰老、再生的关键，多吃令人容光焕发、皮肤靓丽幼嫩。
- 护肝：啤酒酵母富含的维生素、氨基酸，可深入滋养和保护肝脏，保证肝脏解毒功能正常运行。在维生素中，和肝脏有较密切关系的是B族维生素，喝酒过多等导致的肝脏损害，在很多情况下也是和B族维生素缺乏症并行的。啤酒酵母中就含有维生素B_1、维生素B_2、维生素B_6等B族维生素。这些B族维生素是推动体内代谢，把糖、脂肪、蛋白质等转化成热量时不可缺少的物质。
- 美容：啤酒酵母粉含大量优质蛋白质，有助于增加脸部肌肉的弹性，减缓脸型变形（衰老的特征之一），增加皮肤的光泽，维护皮肤的健康。它又含很多矿物质，比如硒是抗氧化剂，与维生素E相辅相成，维护青春维护美；铁是构成血红素、肌红素的成分，能使皮肤恢复美丽的红润。B族维生素可以维持血管的弹性，进而协助血液循环正常运作，维持皮肤健康，增加皮肤弹性，防止皮肤老化。

珊瑚藻

又叫珊瑚草，有“海底燕窝”的美誉。

- 提高免疫力：珊瑚藻能让肝脏功能正常，代谢功能良好，免疫系统增强。
- 减轻生理期不适：阴部细菌感染也能改善。
- 抗癌：含有大量酵素，可增加体内循环，促进新陈代谢，防癌效果甚佳。
- 护心：所含的二十碳五烯脂肪酸可帮助降血压、缓和心跳及舒解压力，也可以抑制血液胆固醇含量上升及血小板凝集，防止血栓形成及心肌梗死。
- 瘦身：珊瑚藻可协助将多余的胆固醇排出体外，远离肥胖及三高。
- 强化筋骨：珊瑚藻含量最多的就是胶原蛋白，是连接细胞、支撑身体各组织的一种“黏着剂”，可以补充关节之间的软骨部位。它又强化筋骨及韧带，改善关节疼痛、腰酸背痛等困扰。
- 护发：其所含的胶原蛋白也有助于改善白头发、掉发、头发稀疏等毛发老化问题。
- 降血压、清宿便：吃起来有点黏滑的珊瑚藻，含有一种成分叫褐藻多糖，具有降低胆固醇、降低血压、抗过敏以及清血的作用。珊瑚藻富含海中酵素，能将紧紧贴附在肠壁上的宿便清除，促进胃肠蠕动，进而改善便秘、预防痔疮。
- 排毒：珊瑚藻含多种人体所需的矿物质，可以提高抗氧化酵素的活性，增强肝脏的解毒功能，帮助将体内重金属毒素排出体外。
- 补血：珊瑚藻含大量的天然植物胶、海洋酵素及丰富的钙、铁、镁、钾等矿物质，对骨质疏松及贫血有改善作用；其所含的铁可以预防贫血、疲劳、健忘。多吃后血液经过补充和净化，体质也会由酸性转变为弱碱性，帮助改善新陈代谢，使人体不容易疲倦。
- 活化肠道：储存和提供热能；调节脂肪代谢；提供膳食纤维、节约蛋白质，增强肠道功能。

- 降胆固醇、降血压：褐藻多糖具有降低胆固醇、降血压、抗过敏以及清血的作用。
- 治过敏症：褐藻多糖亦能改善过敏症，因为它能够抑制体内制造出过多引起过度反应的物质。积极吃珊瑚藻，有助于改善顽固的过敏症状。
- 治皮肤病：可祛斑，令癣等皮肤顽疾早愈。
- 平喘：可降低呼吸中枢的兴奋度，使呼吸运动趋于平静而起到镇咳和平喘的作用。
- 调经：可缓解痛经，或是经期腰痛。调理经期过长（短）或是月经过少（多），即月经不调。
- 壮阳壮腰：可强精益气，提高精液质量，增强精子活力。适用于肾阳虚所致的阳痿、腰痛、尿频及五脏之气不足和男子遗精。
- 养颜：珊瑚藻富含胶原蛋白质，可消除皱纹色斑，排毒效果明显，是女性补血、养颜美容的佳品。

可可粉

- 治心血管疾病：食用可可粉有助于降低心脏衰竭风险，背后机制可能与其中的类黄酮物质所具有的改善血压、调节血脂、抗发炎、提升血管内皮细胞的功能有关。
- 瘦身：可可粉成分有助于改善胰岛素敏感性，抑制参与脂类合成的基因作用，增加食物热效应，抑制胰脂肪酶和淀粉酶，调节瘦素（控制食欲的激素）。
- 提升活力：可可粉含有的类黄酮物质能促进细胞新陈代谢、增进线粒体功能、降低氧化压力。
- 护肤：可可粉具有抵御阳光损害及减缓皱纹生成的功效，可令皮肤弹性增加，能让皮肤较不易受紫外线的损伤。

- 护脑：可可粉能提升心智、处理事务能力、工作记忆力和视觉信息辨识能力，同时还能减少与老化相关的心智退化，提升大脑功能的背后机制，增加大脑血流。
- 降血压：日常饮食中通过可可摄取到较多的黄酮类植化素，可降低高血压风险，可能是因为黄烷醇能刺激内皮细胞生成一氧化氮，使血管放松。
- 减压：可可中的多酚类物质能降低压力荷尔蒙，有舒压效果，它具有强大的抗氧化能力，可促进血清素生成，令人放松、压力消除。

开心果

- 增强免疫力：开心果含有丰富的维生素B_6，因此可以帮助免疫系统和新陈代谢，开心果中发现的维生素B_6也有助于保护部分器官如胸腺、脾脏和淋巴结等免受感染。
- 护心：开心果富含精氨酸，有助于降低血脂，不但可以预防动脉粥样硬化，还能降低心脏病的发病率。
- 护眼：开心果紫红色的果衣，含有花青素，这是一种天然抗氧化剂，具有降血脂、降血压、抗癌、抗辐射等功能；而绿色的果肉含有丰富的叶黄素，不仅可以抗氧化，而且可以降低黄斑病变风险，保护视力。
- 通便：开心果含有丰富的油脂，有润肠通便的作用，有助于人体排毒，能改善水肿、贫血、营养不良等情况。
- 护肤、抗衰老：开心果中的维生素E抗氧化能力强，有助于延缓衰老、保养皮肤、防治动脉粥样硬化等。
- 抗氧化：开心果中的白藜芦醇是著名的天然抗氧化剂之一，可以清除自由基，抑制脂质过氧化反应。
- 瘦身：在坚果当中，开心果的脂肪和热量含量很低，膳食纤维含量却很高，因此较不容易导致肥胖。而且大部分的开心果带壳，剥壳会增加进食难度，延长食用时间，让人在进食期间产生饱腹感和满足感，从而帮助减少食量和控制体重。

- 助胎儿发育：开心果含有丰富的叶酸，有助于胎儿神经系统发育。

参考文献

[1] 高宣亮，秦浩贞.食物药物毒物[M].北京：人民卫生出版社，1998.

[2] 李宁.糖尿病吃什么[M].北京：中国轻工业出版社，2014.

[3] 胡维勤.饮食相宜与相克速查手册[M].长沙：湖南美术出版社，2011.

[4] 苏冠群，李秀兰，孙朝阳.食物相克与药物相充[M].赤峰：内蒙古科学技术出版社，2003.

[5] 王晶.本草纲目蔬果养生宜忌速查[M].南京：江苏科学技术出版社，2014.

[6] 翁维健.中国饮食疗法[M].香港：万里机构•饮食天地出版社，1994.

[7] 中村丁次.健康营养圣典[M].台北：大树林出版社，2006.

[8] 欧阳英.生机食疗实务大全[M].台北：跃升文化事业有限公司，2000.

[9] 林孝云.正食养生[M].吉隆坡：海滨出版(马)私人有限公司，1987.

[10] 伍雅芬.营养师教你越吃越健康[M].香港：嘉出版有限公司，2015.

[11] 孙俪庭.生机对症食疗[M].台北：喜鹊文化事业有限公司，2003.

[12] 永川祐三.蔬菜健康法[M].台北：暖流出版社，1999.

[13] 哈洛德，马基.食物兴厨艺[M].台北：大家出版社，2009.

[14] 陈嘉丽.真味良食[M].香港：天窗出版江有限公司，2011.

[15] Bruce Fife，菲律宾华裔青年联合会.椰子疗效：发现椰子的治愈力量[M].香港：菲律宾华裔青年联合会，2009.

[16] Reader’s Digest.Food that Harm Food that Heal[M].London:The Reader’s Digest Association Limited,1996.

[17] Denny Waxman.The Great Life Diet[M].New York:Pegasus Books LLC,2007.

[18] David Wolfe.Eating for Beauty[M].CA:Maul Brothers Publishing,2002.

[19] Loukie Werle and Jill Cox.Ingredients[M].Rushcutters:JB Fairfax Press Pty Limited,1998.

[20] Miriam Polunin.Healing Foods[M].London:Dorling Kindersley Limited,1999.

[21] Rowan Bishop and Sue Carruthers.The Vegetarian Adventure Cookbook[M]. Auckland: David Bateman Ltd.,1997.

[22] Vikki Leng,.The Vibrant Vegetarian[M].Sydney:HarperCollins Publishers,1997.

[23] Neil Nedley.Proof Positive[M].OK:Quality Books,Inc.,1998.

[24] James F,Balch and Phyllis A.Balch.Prescription for Nutritional Healing[M]. NY:Avery Publishing group,1997.

[25] Michio Kushi.The Macrobiotic Way[M].NY:Avery Publishing group,2004.

[26] Manuela Dunn Mascetti and Arunima Borthwick.Food for the Soul[M]. London:MacMillan Publishers Ltd.,1997.

[27] Vermen M.Verallo-Rowell[M].Rx: Coconuts! ,2005.

[28] Vermen M.The Perfect Health Nut[M].USA:Xlibris Corporation,2005.

[29] 甲田光雄.奇特的断食疗法[M].北京：中国中医药出版社，2018.

[30] 庆美妮.轻断食[M].海口：海南出版社，2018.

[31] 姜淑惠.这样吃最健康[M].呼和浩特：北方文艺出版社，2010.